ÉTUDE D'UNE VOIE NAVIGABLE PROFONDE
ENTRE NANTES ET L'OCÉAN.

COMPTE-RENDU GÉNÉRAL DES ÉTUDES.

MÉMOIRE.

PARIS,
IMPRIMERIE ADMINISTRATIVE DE G. JOUSSET, CLET ET Cⁱᵉ,
RUE DE FURSTENBERG, 8.

1867.

ÉTUDE D'UNE VOIE NAVIGABLE PROFONDE

ENTRE NANTES ET L'OCÉAN

MÉMOIRE COMPTE-RENDU

DE LA

MISSION CONFIÉE A L'INGÉNIEUR DES PONTS ET CHAUSSÉES SOUSSIGNÉ,

CHARGÉ DES ÉTUDES.

PRÉLIMINAIRES.

Une décision de son Excellence Monsieur le Ministre de l'Agriculture, du Commerce et des Travaux publics, en date du 8 juin 1865, nous a mis à la disposition de la Chambre de commerce de Nantes, pour les études dont il s'agit.

Le programme concerté entre les délégués de la Commission des études et nous, et approuvé par la Chambre de commerce, définissait notre mission ainsi qu'il suit:

« Étudier la question de savoir si l'on peut trouver un moyen pratique, au
» point de vue technique, comme au point de vue économique, de relier Nantes
» à l'Océan, par une voie navigable donnant au moins 6ᵐ 00 de tirant d'eau en
» hautes mers, sans préjudice à toute extension que les études pourraient indiquer
» comme possible au-dessus de la limite ci-dessus énoncée, comme minimum
» pour la profondeur des eaux de la voie maritime dont il s'agit.

» Fournir un mémoire et compte-rendu de l'objet des études, soit avec conclu-
» sions affirmatives, et, dans ce cas, ledit mémoire accompagné d'un avant-

1

» projet, rédigé et dressé conformément aux règles et usages qui régissent la
» matière dans le service général des ports, canaux et rivières dépendant de
» l'Administration des Ponts et Chaussées, et susceptible d'être examiné et jugé
» par le Conseil général des Ponts et Chaussées ; soit avec conclusions négatives,
» si tel était le résultat des études, et dans ce cas, ledit mémoire, accompagné
» de tous plans, devis et estimation sur lesquels pourraient être basées et discu-
» tées, par-devant le Conseil général des Ponts et Chaussées, les conclusions de
» l'Ingénieur. »

Ce programme, on le voit, était large et laissait à l'Ingénieur toute latitude,
en même temps qu'il lui imposait l'obligation de ne rien négliger pour rendre
l'étude aussi complète que possible. Dès le début du travail, et par l'examen des
premiers documents concernant la question, il devint évident qu'eu égard aux
projets plus ou moins étudiés qui avaient été lancés dans le public et aux travaux
qui avaient été exécutés à différentes époques, les études devaient se porter aussi
bien sur le lit même de la Loire que sur l'une ou l'autre rive, condition admise
d'ailleurs par avance et *à priori*, par les délégués de la Chambre de Commerce.

Nous ne croyons pas devoir entrer dans le détail chronologique des opérations
et travaux de toute nature exécutés pour l'étude de chacune des trois directions
qui viennent d'être indiquées, ni dans le développement des moyens mis en œuvre,
en vertu de l'initiative complète qui nous était laissée, pour l'accomplissement de
notre mission ; nous n'avons à présenter qu'un compte-rendu résumant nos
constatations en ce qui concerne le passé et le présent, et nos déductions en ce
qui concerne l'avenir. Ce qui précède suffira, nous le pensons, à justifier, pour le
moment, la division en huit chapitres que nous avons adoptée pour le présent
mémoire, savoir :

CHAPITRE 1er.

Résumé historique de la question.

Les difficultés de la navigabilité de la Loire ne sont pas nouvelles ; mais en même temps que les documents manquent, d'une manière absolue, pour les apprécier avant une époque assez rapprochée de nous, il faut arriver au seizième siècle pour que les besoins d'une navigabilité commode et sûre aient pris naissance. C'est, en effet, pendant ce siècle remarquable à bien des points de vue, que le commerce maritime de Nantes a pris un essor sérieux, et que des relations suivies ont commencé à se créer et à s'entretenir, entre ce port et les pays étrangers ou d'outre-mer. La position de Nantes, au milieu d'un centre agricole essentiellement producteur, sur le bord d'un fleuve qui, malgré ses imperfections et ses dangers, constituait néanmoins une des uniques voies d'accès vers l'intérieur de la France, alors que les routes de terre étaient encore impraticables ou manquaient absolument, fit prendre à cette époque de renaissance universelle, un développement subit et considérable à ces relations.

Insuffisance de la Loire, signalée dès le dix-septième siècle.

L'insuffisance des qualités nautiques de la Loire et du port de Nantes ne tarda pas à être signalée ; aussi voyons-nous dans un procès-verbal de visite, faite à la date du 25 février 1625, à la requête des représentants de la Commune et du commerce local, déclarer l'état du port de Nantes tel « que les navires sont » obligés de s'arrêter à 4 ou 5 lieues en aval et de décharger en gabares, et que » le seul moyen de remédier à la situation et de nettoyer la rivière, est de con- » tinuer les quais, pour resserrer le lit et augmenter la vitesse du courant, à l'effet » d'enlever les sables. » L'attention du Gouvernement est appelée sur la question à un point suffisant pour que, le 2 mars 1732, un édit du Roi confie au cardinal de Richelieu le gouvernement de la Bretagne, ainsi que celui de la Ville et du Château de Nantes, dans le but d'aviser aux moyens « de rétablir le commerce » national avec une puissance convenable à la dignité de la couronne. » Quelques bons esprits Nantais préconisent déjà, vers 1646, sous l'impulsion des représentants du Cardinal, l'idée, évidemment trop avancée pour l'époque, de la création de compagnies pour « l'entretien du commerce de mer ; » on trouve dans une publication faite dans ce but, et qui doit être considérée comme cherchant à montrer la situation sous un jour plutôt favorable que fâcheux, que « les navires » de 200 à 300 tonneaux peuvent seuls, il est vrai, remonter jusqu'à Nantes, » mais que les Nantais espèrent rendre le fleuve navigable pour les plus grands » vaisseaux. »

Quelles étaient les solutions proposées? Il ne reste malheureusement aucune trace certaine d'aucun projet. On parle vaguement d'une compagnie hollandaise qui aurait tenté de se former dans le but de créer un canal latéral à la Loire, sans pouvoir aboutir : on parle aussi, et même dans bon nombre de documents officiels, d'un projet de nettoiement de la Loire, dressé par un Ingénieur hollandais appelé, à cet effet, quelques années plus tard, par Colbert ; ce projet montant à 1,200,000 livres (d'autres disent 1,700,000), aurait eu pour base le rétrécissement du lit du fleuve, à l'amont comme à l'aval de Nantes, au moyen de digues submersibles, et les dépenses auraient été couvertes par les résultats de l'affranchissement du port de Nantes. Rien n'a été exécuté, rien ne reste, qu'un souvenir presque légendaire de ces conceptions. (1)

Les plaintes continuèrent sans interruption pendant la fin du dix-septième siècle, sous diverses formes, notamment en ce qui concernait la police du délestage et les inconvénients résultants, pour la conservation du fond de la rivière, de la pratique invétérée des marins d'y jeter leur lest, sans aucun souci des règlements ; vers 1710, ces plaintes prirent une forme plus accentuée. La crue de 1711 survint sur ces entrefaites : en raison des obstacles apportés à l'écoulement des eaux par les pêcheries établies vers le pont de Pirmil, elle emporta plusieurs arches de ce pont et amena la suppression de toutes les pêcheries ; la rivière trouvant alors par la rive gauche une voie plus large et plus facile, abandonna tout à coup la rive droite « en laissant à sec le pied du Château de la » Ville ; » cette circonstance eût pour conséquence nécessaire et immédiate de reporter momentanément toutes les inquiétudes et toute l'attention sur le port de Nantes. Ce ne fut cependant qu'en 1718 que la communauté de cette ville demanda et obtint l'autorisation de faire étudier un projet de digues partant de la tête de l'île de la Madelaine, pour ramener le courant de ce côté de la ville. Ce projet fut dressé par l'Ingénieur Thevenon, délégué à cet effet par l'intendant de Bretagne, et la dépense évaluée à 36,550 livres ; l'Ingénieur émit l'avis que « les » marchands doivent se cotiser pour contribuer à la dépense. » Plus tard, il produisit une évaluation rectifiée, montant à 80 ou 100,000 livres.

La révision du projet est confiée en 1721 à l'Ingénieur de la Fonds qui reçoit, en même temps, la mission, avec l'autorisation du Conseil de Marine, de procéder à une visite de la Loire et d'aviser aux moyens d'améliorer la navigation entre

---

(1) Les projets des Ingénieurs hollandais du dix-septième siècle sont, en effet, cités par tout le monde, sans que personne puisse donner à leur sujet le moindre éclaircissement. Nos recherches ont été nombreuses ; elles se sont étendues aux Archives de l'Empire, à celles des États de Bretagne déposées à Rennes, à celles de la généralité et de la commune de Nantes, aux documents déposés à la bibliothèque de cette ville, aux Archives de la commune d'Orléans, mais nulle part, pas plus que dans les brochures si nombreuses publiées sur la question de la Loire ou les rapports des Ingénieurs sur le même sujet, nous n'avons pu trouver d'autres renseignements que ceux que nous avons donnés plus haut.

Paimbœuf et le port de Nantes, pour y faire remonter les navires. Les études faites aux frais de la commune, et qui comprennent notamment le levé d'une carte générale de la Loire, se terminent par un projet que l'Ingénieur va défendre lui-même devant le Conseil de Marine ; ce Conseil approuve le projet, avec cette stipulation expresse, que l'on commencera par les travaux compris entre la prairie de Mauves et le bas de la Fosse, et qu'on avisera aux voies et moyens d'exécution et à la détermination de la nature de l'imposition qu'on annonce l'intention de prélever sur les marchandises pour subvenir en partie aux frais de cette exécution. Le Maire de Nantes propose une imposition sur les loyers et une augmentation des droits d'octroi pour subvenir à la dépense des travaux à exécuter à l'amont de la ville, évalués par l'Ingénieur à 550,000 livres ; aucun document n'indique malheureusement la nature et l'évaluation des travaux projetés en aval.

Le projet de l'Ingénieur n'est point goûté par le commerce local qui demande d'y substituer une simple digue en tête de l'île de la Madelaine ; il se produit une vive agitation ; le projet est égaré ou soustrait ; l'Ingénieur, abreuvé d'ennuis, se retire. D'un autre côté, on ne peut s'entendre sur les voies et moyens ; le chiffre de la dépense est doublé par l'opinion publique ; le commerce cherche à s'exonérer de tout concours pécuniaire, en rejetant, uniquement sur la propriété foncière et les habitations, les contributions à prélever ; enfin, en 1730, la communauté de Nantes supplie les États de Bretagne de prendre toute la dépense à la charge de la province, en faisant choix entre les deux projets Thevenon et de la Fonds. Les États décident, le 29 septembre 1730, qu'ils soumettront la question technique à l'Académie des Sciences ; celle-ci ne se prononce que le 14 mai 1732, et donne la préférence au projet Thevenon, en raison de la moindre dépense qu'il nécessite et de la possibilité de scinder le travail, en n'en exécutant qu'une partie à titre d'expérience. On s'adresse successivement aux États et au Gouvernement pour obtenir des subsides : tout le monde reconnaît la supériorité du projet de la Fonds, et ne se rabat sur l'autre qu'en vue du moindre chiffre de la dépense. Enfin, dans la tenue de 1736, les États demandent une nouvelle constatation de l'état du fleuve, dans la traversée du port de Nantes (1).

Un nouveau projet montant à 78,973 livres est dressé, en conséquence, en 1738, par l'Ingénieur Abeille, et les États accordent, en 1740, un crédit de 40,000 livres pour son exécution ; l'homologation de ce crédit n'est octroyée qu'en 1749, et encore avec affectation à d'autres travaux, ceux du nettoiement de la Loire étant mis par l'arrêt d'homologation à la charge de la communauté de Nantes.

Les projets ne manquaient pas toutefois ; sans parler des lettres-patentes accor-

______

(1) Déjà vers cette époque, certains esprits jugeaient la Loire incurable, puisqu'en 1735, on voit apparaître pour la première fois l'idée de la création d'un bassin à Paimbœuf, pour recevoir les navires auxquels leur tirant d'eau ne permettait pas de remonter à Nantes.

dées en 1745 à un sieur Macary, pour des machines ayant pour but d'opérer le nettoiement des rivières, on cite un projet de canal de navigation entre Nantes et Paimbœuf, dressé en 1746 et estimé à 2 millions, et une visite de la Loire faite dans la même année par l'Ingénieur de Caux, spécialement délégué par le Roi ; cet Ingénieur proposa le rétrécissement de la rivière au moyen de digues et d'épis, la création d'un bassin à Paimbœuf, le hersage des bancs, toutes dépenses évaluées à la somme de 2,619,620 livres, sauf augmentation probable en cours d'exécution ; et de plus, dans la crainte d'un insuccès ou d'un résultat insuffisant, la création d'un canal entre Nantes et Bourgneuf, estimée à une dépense de 4,418,876 livres (M. de Caux attribuait en grande partie l'état de la Basse-Loire aux délestages opérés dans le lit du fleuve) ; on relate encore le projet d'un Ingénieur du nom de Charon qui proposait un endiguement général entre Ingrandes et Nantes ; enfin, et pour en terminer avec les projets spéculatifs du dix-huitième siècle, dont les idées premières sont toutes plus ou moins analogues à celles mises en avant à l'époque actuelle, on ne doit pas omettre celui de l'Ingénieur géographe Pelletier qui proposa, de 1747 à 1749, la création d'une compagnie privilégiée s'engageant :

1° A créer un bassin à Nantes et un chenal navigable jusqu'à la mer, par rétrécissement et endiguement du lit de la Loire, toutes dépenses évaluées à 8 millions ;

2° A entretenir et éclairer ce chenal par des phares ;

Le tout moyennant l'abandon du terrain à conquérir, la concession d'un droit de péage de 20 sols par tonneau de jauge des bâtiments fréquentant la rivière, et l'obligation imposée aux propriétaires des terrains inondables situés entre Ingrandes et Nantes, d'exécuter et d'entretenir à leurs frais les travaux nécessaires pour la fixation des rives et des îles ; le droit de péage, évalué de 316 à 334,000 livres par an, aurait été concédé pour 30 ans. Ce projet fut soumis aux représentants du commerce de Nantes qui donnèrent un avis défavorable à son adoption ; ils prétendaient que le droit de péage anéantirait le commerce et demandaient que les travaux fussent exécutés exclusivement aux frais de l'État.

Travaux de Magin, 1754-1774.

En 1753, le duc d'Aiguillon vint prendre possession du gouvernement de Bretagne ; sur les réclamations instantes du commerce de Nantes, il fit procéder à un relevé général de l'état du fleuve par l'Ingénieur Magin qui conçut le projet de rétablir la navigation en réunissant les eaux dans un seul chenal ; les États votèrent, en 1754, un nouveau subside de 40,000 livres à cet effet, et un arrêt du Conseil d'État de 1755 homologua cette allocation en autorisant de la réunir à celle de 1740 restée disponible, en y ajoutant un fonds de 40,000 livres pris sur le Trésor royal.

Le sieur Magin commence ses travaux en 1756 par la construction des deux phares à l'entrée de la Loire : son but est non-seulement de réunir en un seul chenal les eaux d'étiage des différents bras, mais de réduire la largeur de ce chenal par des épis et digues transversales, à une dimension proportionnée au débit du fleuve. La construction d'un môle à Paimbœuf est comprise dans le programme des travaux. Sur l'annonce d'un premier succès, les États allouent, en 1756, un nouveau subside de 40,000 livres doublé d'un subside égal du Trésor royal par l'arrêt d'homologation de 1757 ; d'un autre côté, la communauté de Nantes obtient, en 1758, à charge d'entretien des ouvrages, la concession des atterrissements provenant du fait des travaux. Les travaux sont continués à l'aide de nouvelles allocations des États et du Trésor accordées en 1758 et 1760, mais déjà les améliorations obtenues sont contestées, et l'Ingénieur est obligé de les justifier en 1762, à la suite d'une visite ordonnée par les États ; ceux-ci n'accordent une nouvelle allocation de fonds qu'à la condition que la communauté renoncera à la concession des atterrissements qu'elle entend conserver. Ces discussions traînent en longueur, et, au fur et à mesure de l'exécution des travaux, de nouvelles visites sont ordonnées par le duc d'Aiguillon, avec l'assistance des officiers de l'Amirauté qui constatent les bons résultats obtenus. Les travaux ne cessent qu'en 1768, époque à laquelle les États déclarent ne plus vouloir faire aucun fonds pour les travaux du sieur Magin ; jusqu'à ce moment, les difficultés survenues entre la communauté de Nantes et les États ne sont pas levées : la communauté, qui n'a encore consacré à l'entretien que des sommes presque insignifiantes, persiste dans ses prétentions de conserver la concession des atterrissements, à la condition de n'y employer le produit qu'à l'entretien des ouvrages ou à d'autres travaux publics.

L'opinion publique est de plus en plus divisée, en ce qui touche le succès des travaux ; l'Ingénieur est contraint de justifier leur bon effet, et produit dans ce but, en 1769, un long mémoire, après l'examen duquel le Conseil d'État donne mission au sieur Perronet, premier Ingénieur pour les Ponts et Chaussées, de procéder à une visite de la Loire. Cette opération a lieu en août 1770, et l'Ingénieur Perronet en résume les résultats dans un avis entièrement approbatif, en ce qui concerne les plans et les conceptions de Magin, ainsi que les effets produits par les travaux, qu'il ne s'agit plus, suivant lui, que de continuer. Il a été dépensé une somme de 240,000 livres sur les fonds des États, et à peu près autant sur les fonds du Trésor : l'Ingénieur Perronet évalue à 180,000 livres l'importance de ceux qu'il reste à exécuter. Cet avis est vivement attaqué de toutes parts, tant par dénonciations anonymes que par délibérations des corps constitués, et notamment des Juges et Consuls représentant le commerce local. Les travaux, abandonnés sans même être entretenus, se dégradent rapidement, la malveillance aidant ; des démarches sont faites par les États, en 1772 et 1774, pour que les dépenses à faire soient mises à la charge de toutes les provinces du Royaume.

Le sieur Perronet, consulté à cet effet, se borne à rappeler ses avis antérieurs et appelle l'attention du Pouvoir sur le danger de laisser péricliter les travaux.

Études postérieures à Magin, de 1774 à 1808.

Une nouvelle visite est faite par l'Ingénieur Groleau, commis à cet effet, et qui ne fait que conseiller quelques travaux accessoires de balisage, renvoyant à des temps plus heureux la continuation du programme d'ensemble. La communauté de Nantes, de son côté, se borne à faire exécuter quelques menus travaux d'entretien.

On approche de la période révolutionnaire ; les difficultés financières se multiplient de toutes parts, les travaux sont complètement abandonnés. On ne retrouve plus, en dehors du projet du canal de Pornic, dont nous allons dire quelques mots, qu'un mémoire d'un sieur Viaud, inventeur d'une machine pour creuser le lit du fleuve, en date d'octobre 1786, et un mémoire, sans nom d'auteur et sans date, proposant la construction de digues mobiles et transportables, destinées à créer des rétrécissements artificiels et momentanés pour dévaser les hauts-fonds, et qui semblent n'être que la reproduction, sous une nouvelle forme, des épis flottants essayés par Magin ; ce dernier mémoire n'est autre, vraisemblablement, que celui d'un Ingénieur du nom de Grosleau ou Groleau, relaté comme datant de 1792 dans le rapport de MM. Sganzin et de Prony, dont il sera question plus loin.

Après la tourmente, les préoccupations extérieures effacent toute idée de travaux publics ; cependant on cite un projet de MM. Groleau et Goury aîné, en date du 9 thermidor an XI, montant à 4,000,000, pour la création à Saint-Nazaire d'un bassin, avec jetées à la mer et formes de radoub : les Ingénieurs ne dissimulent pas, du reste, les difficultés d'un pareil travail, en raison surtout de ce que les remblais d'enceinte du bassin et ceux destinés à former les chantiers de construction doivent être établis dans les vases molles de l'anse de Saint-Nazaire. En 1808, au moment où l'Empereur cherche à créer de grands établissements maritimes et à arrêter un programme de travaux publics, MM. Sganzin et de Prony, chargés de l'étude de la Loire, déclarent qu'il faut renoncer à tout projet d'amélioration entre Nantes et Paimbœuf ; que la situation du fleuve dans cette partie est irrémédiable ; qu'à Paimbœuf, il y a lieu de faire six cents toises de quais avec cales et de construire deux môles neufs, le tout devant coûter 5 à 600,000 francs, et que le seul point où un grand établissement puisse être créé, est Saint-Nazaire. Il paraît étonnant que dans le résumé de cette étude, où il est question de travaux antérieurs, le projet dont nous venons de parler, ne soit même pas mentionné.

Revenons au canal de Pornic.

Vers 1786, le marquis de Brie-Serrant, seigneur de Pornic ou Portnic, inspiré peut-être de l'idée émise par M. de Caux en 1746, présente un mémoire indiquant, comme seule solution susceptible de garantir l'avenir du port de Nantes et de la France, la jonction de ce port directement avec la mer, par Pornic : les travaux auraient compris l'agrandissement et l'amélioration du port de Pornic, l'appropriation du petit canal de Haute-Perche qui y débouche, la jonction de ce canal avec l'Acheneau, émissaire du lac de Grandlieu, et l'approfondissement de ce cours d'eau qui débouche dans la Loire à Buzay, enfin la création d'un canal de jonction entre l'Acheneau et la Loire, vers les derrières d'Indret. L'auteur demande, pour exécuter ces travaux, une subvention de 2,000,000, la concession des bacs et diligences traversant le canal à créer, et celle d'un droit de péage de 8 livres 6 sols 8 deniers par tonneau, sur la navigation qui s'y produirait, à percevoir pendant trente années. Ce projet est soumis à l'examen d'une commission, formée d'un Capitaine de vaisseau et d'un Ingénieur des Ponts et Chaussées ; les Commissaires donnent, le 8 avril 1786, un avis d'où il résulte que l'amélioration du port de Pornic est praticable, sans toutefois qu'il puisse devenir l'égal de Paimbœuf ; que le projet de canal a besoin d'être étudié sérieusement par un Ingénieur exercé, et qu'il faudrait utiliser en même temps ce canal pour le desséchement du lac de Grandlieu ; que les voies et moyens proposés par l'auteur du mémoire ne peuvent être acceptés, vu les charges qu'ils entraîneraient pour le commerce, et l'exagération des subventions demandées, par rapport aux dépenses, qu'on ne doit pas évaluer à plus de 2 ou 3,000,000 ; que le système de concession est mauvais en principe, attendu qu'à son expiration, la Compagnie concessionnaire laisserait les ouvrages en ruines et que dès lors l'exécution doit être faite par l'État. Les États de Bretagne consultés, donnent un avis défavorable au projet, particulièrement en ce qui concerne le privilége des bacs et diligences à établir. Le marquis de Brie-Serrant produit, en 1787, un nouveau mémoire où il déclare renoncer à cette prétention et demande seulement une concession provisoire qui lui permette de faire des études définitives ; il évalue les dépenses des travaux de 6 à 7,000,000, y compris le canal de jonction, soit sur Indret, soit sur Nantes. Les États sont de nouveau saisis de la question en 1788, et, après de nouvelles publications faites vers cette époque, l'auteur reproduit, en 1789, sa demande aux États généraux du Royaume, en l'accompagnant d'avis favorables des villes principales de la vallée de la Loire.

On ne voit reparaître la question que dans le rapport de 1808 de MM. Sganzin et de Prony ; ces Ingénieurs l'examinent au double point de vue de la navigation et du desséchement du lac de Grandlieu, et concluent qu'il y a lieu de faire des études régulières ; ils déclarent à l'avance que la partie du projet concernant le port de Pornic ne peut être exécutable sans de profondes modifications. Un nouveau travail de M. de Prony, du 1er juin 1812, démontre l'impossibilité d'utiliser ce port pour le desséchement du lac de Grandlieu ; il est facile d'en déduire d'ailleurs l'impraticabilité de la création du canal maritime projeté par le marquis de Brie-Serrant.

Travaux de M. Lemierre, 1825-1841.

Ce n'est plus qu'en 1825 qu'on revient aux projets de travaux dans la Loire : après des études approfondies, M. Lemierre, Ingénieur des Ponts et Chaussées et M. Wiotte, Ingénieur en chef, présentent des projets d'amélioration du fleuve entre l'amont de Nantes et Paimbœuf. L'idée d'un canal latéral est abandonnée ; M. Lemierre rentre résolument dans la voie tracée par Magin, le resserrement du lit par des digues arrasées à un niveau un peu supérieur à celui de l'étiage ; le système de construction diffère un peu, mais le principe reste le même. Ces digues doivent être construites partout où l'élargissement du lit a provoqué des accumulations de sable et, par conséquent, des hauts-fonds ; là création du nouveau chenal doit être facilitée par des dragages préalables ; les atterrissements seront plantés et deviendront une source de revenu. Le projet général est évalué à 2,000,000 de dépenses. L'Ingénieur en chef combat le projet, de l'exécution duquel il craint un appauvrissement de la masse d'eau entrant par le flot, et, par suite, une atténuation de la force du jusant pour le nettoiement des passes ; il craint que l'effet des digues ne produise qu'une régularisation du fond et ne tende à repousser les bancs de proche en proche vers l'embouchure. Il discute les détails du projet et propose des modifications qui réduisent la dépense à 1,200,000 fr. ; il propose d'ailleurs d'y appliquer le produit des droits de tonnage perçus sur la Loire.

Le projet de M. Lemierre est approuvé en principe, en 1831, et on décide d'en commencer l'exécution aux abords de Nantes, à titre d'essai. L'affaire un moment arrêtée par les projets de concession à une compagnie formée par M. Laisné de Villevêque, d'un canal latéral en amont de Nantes dont l'exécution absorberait le montant des droits de tonnage et de navigation perçus sur la Loire (1), semble entrer dans une meilleure voie, par suite de l'abandon de ces projets de concession.

La Chambre de commerce de Nantes préoccupée des difficultés que rencontre l'exécution du grand projet d'amélioration et séduite par les travaux exécutés sur la Clyde, en Angleterre, demande l'autorisation de créer une société au capital de 400,000 francs, pour opérer des dragages en grand, tant dans la Basse-Loire qu'entre Orléans et Nantes ; l'intérêt du capital engagé et les frais annuels des dragages seraient couverts par l'abandon à la société, pendant 20 ans, des droits de navigation et du demi-droit de tonnage, évalués à 170,000 francs, et dont

---

(1) Ces projets, patronés surtout par la Chambre de commerce d'Orléans, sont dus à M. Surville, Ingénieur des Ponts et Chaussées.

20,000 francs seraient laissés chaque année à la disposition des Ingénieurs, pour l'exécution des travaux d'art reconnus nécessaires. L'appel fait par la Chambre de commerce de Nantes au commerce local et à tout le commerce de la vallée de la Loire n'est pas entendu, et la société ne parvient pas à se constituer.

L'ajournement de l'exécution d'ensemble du grand projet de 1829 détermine M. Lemierre à demander, dans le but de satisfaire le plus vite possible aux besoins de la navigation, les crédits nécessaires pour entretenir, par voie de dragages, les passes de Chantenay, Haute-Indre et Couëron, jusqu'à l'entière exécution des digues. La dépense annuelle se réduirait au fur et à mesure de l'avancement de cette exécution.

Les travaux sont définitivement commencés, en 1834, par la digue de Chantenay, et, dès 1835, on annonce un commencement de succès dépassant les espérances. L'Ingénieur reconnaît la nécessité de ne pas barrer complétement les bras secondaires, dans la crainte de porter obstacle à l'introduction du flot; il abandonne toute idée de travaux en aval de Couëron, sauf en ce qui concerne l'amélioration de la rade des Quatre-Amarres, aux abords de Paimbœuf, et insiste pour l'exécution immédiate des digues aux abords de la Haute-Indre, d'Indret et Couëron. L'estimation des travaux restant à exécuter, en dehors de la digue de Chantenay, s'élève à 850,000 francs, dragages compris. Les travaux de la Haute-Indre sont approuvés en 1835, et exécutés en grande partie dès 1836; ceux d'Indret et Couëron sont soumis à l'enquête en 1836. Ils sont définitivement approuvés, avec quelques modifications de détail, et exécutés en 1836 et 1837.

Les projets concernant la rade des Quatre-Amarres et comprenant, comme travail principal, la digue connue sous le nom de digue de la Maréchale, sont mis à l'enquête, en 1837, et approuvés. On voit surgir, à ce moment, l'idée de l'établissement d'un bassin à flot à Paimbœuf, auquel la Chambre de commerce de Nantes demande de substituer celui d'un bassin à flot à Saint-Nazaire.

Un projet comparatif est soumis à une enquête spéciale, en même temps qu'un projet de curage du fleuve, par voie de dragages, présenté par un sieur François comme devant être exécuté par une Compagnie, moyennant une avance de l'État et la concession du privilége du remorquage et de la propriété des alluvions à créer par les dépôts des matières draguées. Ce projet est appuyé par Paimbœuf, mais repoussé par la Chambre de commerce qui déclare avoir foi dans les digues, et ne pouvoir d'ailleurs donner un avis favorable à la création des voies et moyens proposés par le sieur François. En ce qui concerne le bassin à flot, les habitants de Paimbœuf défendent les droits de leur port avec énergie, et demandent qu'une nouvelle étude comparative soit faite par des Ingénieurs étrangers à la localité. La Chambre de commerce de Nantes, à la date du 21 mai 1838, discute pied à pied tous les arguments fournis en faveur de Paimbœuf, et se prononce pour Saint-Nazaire de la manière la plus formelle.

C'est à la même époque que M. l'Ingénieur en chef Cabrol émet pour la première fois son idée de construction d'un canal latéral entre Nantes et Saint-Nazaire ; la Chambre de commerce, invitée à opter entre le canal et le bassin à flot, se prononce formellement contre l'opportunité du canal, dans le ferme espoir que de puissants dragages, venant en aide aux digues, feront obtenir un plus fort tirant d'eau dans la Loire.

Les effets produits par les digues sont diversement appréciés, et l'on voit de nouveau se produire les mêmes discussions que dans le siècle précédent. L'administration supérieure nomme une Commission d'Inspecteurs des Ponts et Chaussées, chargée de faire la visite des lieux et de procéder à une enquête : cette Commission constate des améliorations locales incontestables, et émet l'avis qu'on peut espérer de les augmenter encore. Des objections sérieuses sont cependant soulevées au sujet des dangers d'ensablement dont seraient menacées les rades de Paimbœuf et des Quatre-Amarres. On propose de faire des essais de dragages en grand pour compléter l'effet des digues exécutées, et de surseoir provisoirement à toute continuation des endiguements jusqu'à ce que l'expérience ait mieux fixé les idées. La Chambre de commerce de Nantes signale au Ministre le danger du *statu quo*, et le presse de prendre une décision de principe. Le Ministre se rend sur les lieux, et la Chambre lui expose un programme très-vaste de travaux qu'elle considère comme indispensables, et au nombre desquels elle range notamment : 1° une solution sur la question des endiguements ; 2° l'exécution d'un canal latéral entre Orléans et Nantes, d'une part, et entre Nantes et les abords de Paimbœuf avec prolongement éventuel sur Saint-Nazaire, d'autre part ; 3° la construction de la digue de la Maréchale, pour améliorer et conserver la rade des Quatre-Amarres ; 4° l'exécution du bassin à flot de Saint-Nazaire ; 5° le balisage des digues, etc. Le Ministre se montre favorablement disposé et promet de faire exécuter les études du canal maritime. Le Conseil municipal de Nantes joint ses efforts à ceux de la Chambre de commerce, auprès de l'autorité supérieure.

Vers la même époque (1841), on voit apparaître une demande de concession à une Compagnie, de canaux et bassins dans la prairie au Duc : ces questions incidentes, ajournées pour le moment, contribuent néanmoins à maintenir une certaine incertitude et une division fâcheuse dans les esprits.

M. l'Ingénieur en chef Cabrol, chargé des études du bassin de Saint-Nazaire, se préoccupe des moyens de le relier à Nantes : le système des digues lui paraît condamné, le canal maritime lui semble présenter des difficultés de premier ordre et devoir entraîner à des dépenses considérables ; il ne voit d'autre communication possible qu'un chemin de fer. La Chambre de commerce, sans nier l'utilité d'un chemin de fer, pense que réduire à une semblable voie les communications entre Nantes et Saint-Nazaire, c'est la ruine de Nantes et la création d'un nouveau Hâvre, à l'embouchure de la Loire : qu'il y a autant d'exagération dans l'appréciation des dépenses probables du canal, que dans celle des travaux de M. Lemierre, dont elle a toujours reconnu hautement le mérite ; elle demande en conséquence que les études du chemin de fer soient faites, mais en déclarant qu'elle ne le considère que comme un auxiliaire, soit de la Loire améliorée, soit du canal maritime (1841).

En 1842, une nouvelle société tend à se former pour l'exécution d'un canal latéral entre Orléans et Nantes, mais sans bases solides, et cette tentative est aussi promptement avortée que conçue.

En 1844, la Chambre de commerce fait de nouvelles démarches au sujet de l'abandon dans lequel sont laissés les départements de l'Ouest ; elle réclame avec insistance l'exécution : 1° du bassin à flot de Saint-Nazaire, dont le projet est envoyé depuis un an ; 2° d'un canal latéral, fluvial, d'Orléans à Nantes, maritime, de Nantes à la mer ; 3° du chemin de fer de Tours à Nantes voté en principe par le pouvoir législatif.

Les discussions prennent un caractère plus vif encore, de 1845 à 1847, lors de la production des projets d'établissement de la gare du chemin de fer de Tours à Nantes. Le canal maritime et le bassin de Saint-Nazaire sont considérés par une grande fraction de l'opinion publique comme le corollaire obligé de ce chemin de fer, dans l'intérêt du port de Nantes, à l'exclusion de tout prolongement de la voie ferrée vers l'embouchure de la Loire. D'un autre côté, le canal continue à être battu en brèche par un certain nombre de personnes plus ou moins influentes, malgré les bonnes dispositions avouées de l'Administration supérieure. Le projet du bassin de Saint-Nazaire est de nouveau menacé d'un ajournement, et le Ministre en profite pour demander de nouvelles études, en vue de le faire servir de tête à un canal maritime ; mais la Chambre de commerce et la députation du département, effrayées de toute idée d'ajournement, parviennent, après des efforts très-grands, à faire comprendre les travaux du bassin dans la loi d'amélioration des ports de juillet 1845, en cessant d'insister au sujet du canal maritime, de crainte d'un échec pour le bassin. Une fois la loi votée, la Chambre de commerce essaie de revenir sur l'autre question, et insiste pour une prompte solution des études.

C'est à peu près à ce moment que s'ouvre l'enquête au sujet de l'emplacement de la gare du chemin de fer de Tours à Nantes : nous n'avons à nous en occuper qu'en ce qu'elle a de connexe avec les intérêts de la navigation de la Loire, ou des communications maritimes de Nantes avec l'embouchure de l'Océan. Le projet de la prairie au Duc rencontre peu de partisans, et la discussion n'est sérieuse qu'entre celui de la gare de l'Entrepôt et celui de la gare de Richebourg, ou, à plus proprement parler, entre les partisans du canal maritime et ses adversaires ; les uns et les autres reconnaissent, en effet, que la gare de Richebourg ne peut se relier au port maritime que d'une manière incomplète ; que le seul moyen d'opérer cette liaison est de prolonger les rails sur les quais, et que le peu de largeur de ces quais ne permet pas d'y établir des voies suffisantes pour un trafic de marchandises proportionné à la position maritime que les partisans du canal ont en vue pour le port de Nantes. Ceux-ci, il faut le dire, prévoient assez nettement les embarras que cause aujourd'hui le passage de la voie sur les quais, pour le commerce et la circulation, et la conséquence inévitable qu'il devait avoir relativement au prolongement du chemin de fer vers Saint-Nazaire ; les autres, peu confiants sans doute dans l'avenir commercial de Nantes, expriment l'opinion que la nécessité théorique du contact de la voie ferrée avec les transports maritimes n'est pas applicable à ce port ; d'une part, selon eux, le gabarrage amélioré et remorqué permettra d'amener les marchandises, sous les ponts agrandis, jusqu'à la gare de Richebourg ; d'autre part, le trafic probable du chemin de fer, au point de vue des marchandises venant de la mer, ne sera jamais suffisant pour compenser le supplément de dépenses qu'occasionnerait l'exécution du projet de l'Entrepôt, les tarifs ne pouvant être abaissés de manière à ce que la voie ferrée fasse une concurrence sérieuse à la navigation fluviale, pour les marchandises d'encombrement et de peu de valeur.

Tous les corps constitués, sans exception, et la plus grande partie de l'opinion publique se prononcent itérativement, dans deux enquêtes, pour la gare de Richebourg (1845-1847).

La Chambre de commerce de Nantes, après être revenue à l'idée du canal maritime et avoir insisté pour le prompt achèvement des études, l'abandonne de nouveau pour reporter ses vues sur des travaux d'amélioration de la Loire, sur lesquels elle appelle toute l'attention du Gouvernement (1847).

En 1850, la Chambre fait de nouvelles démarches, et demande l'exécution, soit du canal maritime, comme complément du chemin de fer, soit de tous autres travaux propres à permettre aux grands navires de remonter à Nantes, en même temps que des allocations budgétaires suffisantes pour permettre un prompt achèvement du bassin de Saint-Nazaire. Le Conseil général de la Loire-Inférieure émet des vœux analogues. L'idée d'application à la Basse-Loire du système d'endiguement déjà appliqué à la Basse-Seine prend de plus en plus de consistance, et l'on discute, en le comparant à l'endiguement et en concluant à son impraticabilité, le projet du canal de Nantes à Saint-Nazaire, étudié par M. l'Ingénieur en chef Cabrol, mais dont les études n'ont pas été produites. La Chambre de commerce fait de nouvelles instances, vers la fin de la même année, pour obtenir une prompte solution de la question, qui passionne de plus en plus l'opinion publique, et qui donne lieu à des publications nombreuses concluant d'une manière différente, quant au remède à appliquer, mais représentant toutes l'état du commerce Nantais comme compromis par le *statu quo*. Divers projets sont mis en avant, sur lesquels nous aurons à revenir plus loin.

de digues longitudi-
. Enquêtes, 1851.

Les Ingénieurs n'ont pas caché leurs sympathies et leur intention de présenter un projet d'endiguement. Des réunions publiques s'organisent à la Mairie, sur l'initiative du Préfet du Département, pour discuter la grande question du moment : des discussions très-vives, et brillamment soutenues des divers côtés, s'engagent à cette occasion. M. le Colonel du génie Allard, les Ingénieurs et les auteurs des divers projets y prennent part, pour ou contre le projet d'endiguement, le canal Cabrol, le canal de la rive gauche (projet du cercle maritime de Nantes), etc.; on parle de faire venir sur les lieux un Ingénieur anglais, expert dans la matière, pour connaître son appréciation relativement à l'appropriation de l'endiguement à la Loire ; cette proposition n'est suivie d'aucun effet. Un projet d'endiguement de Nantes à Paimbœuf est définitivement dressé par les Ingénieurs et envoyé à l'Administration supérieure, avec un examen critique et une estimation des dépenses d'exécution d'un canal, soit sur la rive droite, soit sur la rive gauche. Ce projet est mis aux enquêtes, et l'on voit se produire encore, à cette occasion, de nouveaux contre-projets : la Chambre de commerce et le Conseil municipal de Nantes approuvent sans restriction les propositions des Ingénieurs ; les Commissions d'enquêtes nautique et d'utilité publique y donnent leur approbation, sous la réserve que l'endiguement s'arrêtera à l'Ile-Thérèse : ces décisions sont prises à une grande majorité, la minorité se divisant entre les trois solutions suivantes : 1° l'endiguement poursuivi jusqu'à Saint-Nazaire ; 2° l'endiguement continué seulement jusqu'à Paimbœuf; 3° le rejet de toute tentative d'endiguement, au profit d'un canal sur l'une ou l'autre rive. Les Ingénieurs, dans leurs conclusions définitives, proposent d'adopter l'avis des Commissions d'enquête. Ce projet est approuvé, avec cette restriction, mais son exécution est ajournée.

sion du chemin de fer
-Nazaire, 1852-1855.

Après les enquêtes, la question de la Loire semble un peu abandonnée, et l'attention publique se concentre sur celle du prolongement du chemin de fer entre Nantes et Saint-Nazaire ; on reparle bien encore, dans les discussions et au sein des corps constitués, du canal et des digues, mais l'intérêt principal est évidemment pour le chemin de fer. Le gouvernement résiste d'abord, puis finit par accéder au désir exprimé par les représentants légaux du pays, et la construction du chemin de fer est décidée (1855).

ion des travaux d'en-
ement, 1856-1864.

C'est à partir du commencement de 1856 que la Chambre de commerce et le Conseil municipal de Nantes recommencent d'incessantes démarches pour obtenir l'exécution du projet d'endiguement, qui est enfin autorisée par un décret du 24 août 1859. A peine cette exécution est-elle commencée, que l'on voit se reproduire, pour ainsi dire dans les mêmes termes, de la même manière, et, disons-le, avec la même exagération, les agitations et les controverses qui s'étaient manifestées lors des travaux de Magin ou de M. Lemierre. Notre mission nous oblige à une analyse aussi complète qu'impartiale ; nous aurons à rendre compte plus loin des résultats obtenus ; ils confirment tous cette appréciation générale d'exagération qui ne peut avoir rien de blessant, même pour les convictions les plus profondes, pourvu qu'elles soient de bonne foi.

Projet Radiguel, 1861-1864. C'est au milieu de cette agitation qu'on voit apparaître, en 1861, l'avant-projet de M. l'Ingénieur Radiguel, pour l'établissement d'un canal maritime à grande section entre Nantes et Saint-Nazaire, avec canal d'alimentation et de navigation entre Ingrandes et Nantes, et transformation du port de Nantes en bassins à flot et docks sur une vaste échelle. Ce projet était présenté à la fois comme tellement économique et tellement lucratif, qu'il dut séduire tous ceux qui trouvaient insuffisants les résultats de l'endiguement, et n'avaient point fait d'études spéciales de l'art de l'Ingénieur : aussi fut-il favorablement accueilli dans le principe. Cet avant-projet ou programme d'études, une première fois repoussé en 1862 par le Conseil général des Ponts et Chaussées, comme ne présentant pas les éléments d'une étude sérieuse au point de vue technique ou pratique, le fut une seconde fois par le même Conseil et par le Ministre, à la fin de 1864.

Autorisation d'études régulières accordée à la Chambre de commerce, et origine de la mission de l'Ingénieur soussigné, 1864-65. Cependant, dans le courant de la même année 1864, tous les corps constitués s'étaient émus de la situation alarmante du port de Nantes, et de la nécessité d'y porter remède, en recherchant les moyens de mettre, s'il y avait possibilité, ce port en communication directe avec l'Océan, par une voie navigable profonde. Son Excellence Monsieur le Ministre de l'Agriculture, du Commerce et des Travaux publics, aux dates des 3 et 16 janvier 1865, autorisa la Chambre de commerce de Nantes à faire procéder à des études régulières à ce sujet, sous sa responsabilité, à ses frais, et avec l'assistance d'un Ingénieur des Ponts et Chaussées qu'elle désignerait et qui serait temporairement détaché du service de l'État pour être mis à sa disposition.

Telle est l'origine de la mission qui nous a été confiée.

Les détails dans lesquels nous sommes entré dans ce résumé, paraîtront peut-être un peu longs, mais nous avons pensé qu'il était indispensable de les présenter, autant pour fixer les jalons que nous avons dû suivre dans les études, que pour faire apprécier l'importance du travail auquel nous avons dû nous livrer, et les délais auxquels nous avons été fatalement conduit pour la production de leur résultat.

CHAPITRE II.

Étude technique de la Loire.

Si, lorsqu'on se place au point de vue purement historique, on est amené à reconnaître que les mauvaises conditions de la Loire remontent à une époque fort reculée, en cherchant à se rendre compte du régime du lit du fleuve et à déterminer les causes des difficultés signalées depuis plusieurs siècles, on est forcément conduit à admettre qu'elles ont dû exister, d'une manière absolue, de tout temps, et qu'elles n'ont pu que s'accroître, en se déplaçant et gagnant de plus en plus vers l'embouchure. De tout temps, en effet, les sables, apportés en quantité incommensurable des parties supérieures du cours de la Loire et de ses affluents, se répandant en aval sur des largeurs variables et souvent très-considérables, ont encombré son lit et rendu le chenal navigable essentiellement mobile et inégal. Ces sables, d'une densité très-grande, roulant sur le fond plutôt que transportés en suspension dans le courant, soumis à une accélération de vitesse dans les parties étroites, à une diminution de vitesse dans les parties larges, se sont accumulés dans celles-ci en réduisant la profondeur de la section mouillée à une dimension souvent très-faible, et ont entretenu, dans le passé comme dans le présent, une série de fosses et de bancs variables dans leur position et dans leur forme, suivant que les alternances de crues et de basses eaux modifiaient, d'une manière toujours irrégulière, la vitesse du courant et son action sur le fond et sur les rives. Après une longue série de basses eaux ou une longue période passée sans crue exceptionnelle, les bancs, s'exhaussant de plus en plus, sont arrivés à former des îles émergeant pendant l'étiage ; l'intérêt privé, aidant à la consolidation de ces terrains conquis sur le lit même du fleuve, leur corrosion est devenue plus difficile ; les chenaux latéraux subissant pendant les crues subséquentes, et en raison du rétrécissement du lit ainsi produit, une action plus violente et offrant moins de résistance à l'action du courant que les berges, se sont approfondis, et les dépôts d'amont, augmentés de l'appoint résultant de cet approfondissement, sont allés de proche en proche reproduire un peu plus en aval le même état de choses, et donner naissance, pour l'avenir, à la succession des mêmes phénomènes.

Dans les parties voisines de l'embouchure, le régime change : partout où l'action du flot prédomine, la profondeur s'entretient ; mais, avant d'arriver à cette partie purement maritime, à proprement parler, il en existe une où l'équilibre s'établit entre les deux régimes, et où les matières entraînées, poussées en aval par le courant du fleuve, retenues en amont par l'action du flot, semblent à priori devoir tendre à se déposer en quantité encore plus considérable, sous cette double influence : cette partie à régime intermédiaire, si l'on peut s'exprimer ainsi, doit tendre à se rapprocher de la mer, au fur et à mesure du rétrécissement du lit de basses eaux de la partie d'amont, et l'envahissement se présente comme une menace plus ou moins prochaine, un danger plus ou moins imminent, pour la partie maritime.

Les constatations que nous avons pù faire, les renseignements et résultats d'études que nous pourrons donner ci-dessous, prouveront, nous en avons la conviction, l'exactitude de ces appréciations générales.

Absence de documents authentiques avant l'époque de Magin. — Les documents spéciaux, au point de vue technique, pour les périodes antérieures au siècle actuel, ne permettent guère malheureusement de juger d'une manière bien précise de l'état actuel des choses à l'époque correspondante ; avant les travaux de Magin, on ne retrouve que des cartes informes, n'ayant même aucune proportion géométrique, ou ne portant absolument aucune cote ou aucun renseignement propre à servir de base à un raisonnement quelconque. La carte générale levée par l'Ingénieur de la Fonds, vers 1718 ou 1719, n'a pu être retrouvée nulle part, malgré les recherches les plus minutieuses (1). Il n'existe d'autre indication que le procès-verbal de visite du 25 février 1625, constatant que les vaisseaux de l'époque sont forcés de *demeurer à quatre ou cinq lieues* de Nantes et d'y décharger en gabarres, et les indications annexées au procès-verbal de visite du 20 août 1764 relatant très-incomplétement les résultats des sondages de M. de Caux en 1746, et d'un sieur Passart en 1754, et desquelles il résulterait qu'en 1746, il existait six points particulièrement difficiles à franchir et pour lesquels les profondeurs minima en basses mers étaient les suivantes :

Dans le port de Nantes, en amont des arches de Chézine....	$2^p\ ^1/_2$	$(0^m 81)$,
à Chantenay, vis-à-vis le couvent des Couëts.............	$2^p\ ^1/_2$	$(0^m 81)$,
à la queue des Plombs..................................	$1^p\ ^1/_2$	$(0^m 49)$,
vers la Basse-Indre...................................	$2^p\ ^1/_2$	$(0^m 81)$,
vers la queue d'Indret................................	1^p »	$(0^m 33)$,
au passage de Belle-Ile...............................	$2^p\ ^1/_2$	$(0^m 81)$,

et qu'en 1754, cette situation ne s'était pas améliorée.

Cartes existantes de Magin, 1757-1758. — En ce qui concerne même les travaux de Magin, les documents sont encore incomplets : les cartes et plans levés par cet Ingénieur étaient assez nombreux, si l'on en juge par la nomenclature de ceux qu'il a été mis en demeure de livrer à la communauté de Nantes, par arrêt des États, en date de 1768 ; mais en

---

(1) Il n'existe au Dépôt des cartes de la marine, à Paris, aucun document de ce genre, offrant quelque apparence d'exactitude, antérieur aux cartes de Magin.

raison des difficultés et des tiraillements survenus entre le sieur Magin et la communauté, il paraîtrait que ce dépôt n'aurait jamais été fait d'une manière complète, puisqu'en 1788, une réclamation était adressée encore à ce sujet aux héritiers du sieur Magin. Les sondages antérieurs à l'exécution des digues de cet Ingénieur manquent, et tout ce que nous avons pu retrouver consiste en (1) :

1° Une carte manuscrite portant son nom et celui du sieur Fougeroux de Blaveau, avec la date de 1757, s'étendant de Nantes à Paimbœuf, et portant l'indication des principales digues exécutées ou en cours d'exécution, avec celle du chenal navigable et une série de sondes le long de ce chenal.

2° Une carte gravée de l'embouchure de la Loire portant aussi la date de 1757, avec des sondes assez nombreuses.

3° Une carte manuscrite à plus grande échelle que la première et portant la date de 1758, s'étendant de Nantes à Couëron, et portant des cotes de profondeurs tout le long du chenal.

Il existe une autre carte manuscrite s'étendant de Paimbœuf à Saint-Nazaire, dont les proportions géométriques paraissent bonnes, et ne portant pas de date bien précise, mais indiquée comme exécutée par les Ingénieurs géographes en 17.., et contenant l'indication de quelques sondages. Elle peut contribuer à donner une idée de l'ensemble du cours de la Loire au dix-huitième siècle et à combler la lacune entre les deux premières cartes de Magin.

Le système de Magin consistait à barrer les bras secondaires par des digues transversales élevées d'une faible hauteur au-dessus de l'étiage, et à opérer le rétrécissement du bras principal conservé, dans les parties trop larges, au moyen d'épis enracinés à la rive, ou *d'épis mobiles* sur la construction desquels il n'existe pas de renseignements précis, mais qui étaient évidemment des carcasses ou radeaux échoués sur le fond, pendant leur période d'action, puis relevés et transportés ailleurs.

On peut voir, sur les cartes de 1757 et 1758, les dépôts de sable, prélude de l'agrandissement des îles, occasionnés, dès les premières années, par les digues exécutées au début des travaux. Quelle était alors la situation du chenal, comme tirant d'eau ? Les sondages de 1757 nous montrent que :

Le point le plus relevé du port de Nantes donnait un tirant d'eau de. .   1^{m}95,

le point le plus relevé vis-à-vis Chantenay.........................   0^{m}97.

    cote portée à 1^{m}30 par le profil de 1768,

la queue des Plombs...   1^{m}30,

<hr>

(1) Toutes les cartes dont il est question dans le présent chapitre étaient trop volumineuses pour être reproduites à l'appui de la présente brochure : elles sont déposées à la Chambre de commerce et à la mairie de Nantes, où il serait facile d'en prendre connaissance.

le banc entre la Haute et la Basse-Indre........................ 1ᵐ62,

le passage de la queue d'Indret............................... 0ᵐ97,

enfin celui de Belle-Ile...................................... 1ᵐ62.

Toutefois, il est bon de signaler l'existence, dont il n'était pas question dans les renseignements antérieurs, trop incomplets du reste à tous les points de vue, de hauts-fonds ne donnant que 1ᵐ62 en amont de Couëron, et d'une passe très-longue ne donnant que 0ᵐ97, dans toute la longueur correspondante à l'Ile-de-Bois.

Ces conditions, constituant une notable amélioration sur l'ancien état de choses, n'assuraient, pour remonter jusqu'à Nantes, en hautes mers de vives eaux ordinaires, qu'un tirant d'eau de 3ᵐ50 au maximum. L'embouchure offre des profondeurs variables entre 6ᵐ50 et 16 mètres, et la barre des Charpentiers donne 4ᵐ55 de tirant d'eau en basses mers, autant que l'on peut s'en rapporter aux documents de l'époque.

Le cadre de notre compte-rendu ne nous permet point d'entrer dans le détail des divers sondages exécutés de 1760 à 1768, époque où les travaux de l'Ingénieur Magin ont été interrompus ; nous devons nous borner à constater que les améliorations ont été croissantes, comme profondeurs acquises, partout où les travaux ont été exécutés conformément aux idées de cet Ingénieur, et dans la sphère d'action attribuable à chaque travail partiel ; que les hauts-fonds de Chantenay, de la queue des Plombs, de Basse-Indre, ainsi que ceux d'Indret, de Couëron, et ceux qui existaient de Couëron au Pellerin, correspondant tous à des élargissements brusques de section pour lesquels on n'avait rien fait, ne pouvaient que persister et même se surélever, en l'absence de tout travail de rétrécissement. Ces appréciations sont corroborées par l'avis de Perronet, lors de sa visite de 1770 : cet Ingénieur pose, comme point de départ, que les plus gros navires, dont le tirant d'eau est de trois à quatre cents tonneaux, remontent à Paimbœuf, tout en étant quelquefois obligés d'alléger à Mindin ; que ceux de deux cents à deux cent cinquante tonneaux peuvent remonter à Couëron, et ceux de cent cinquante à cent quatre-vingts tonneaux à Nantes, à la condition que ces derniers soient de forme hollandaise ; il constate de plus que l'ensablement de la rade de Paimbœuf est bien accusé, et qu'il devient nécessaire d'y faire un môle, pour abriter les navires. Le commerce local prétend que le maximum de jauge des navires remontant à Nantes doit être porté à trois cents tonneaux, et se borne à demander qu'on lui assure 9ᵖ de tirant d'eau (2ᵐ76).

Les travaux ayant été interrompus, et les digues en partie détruites par la malveillance ou les actions naturelles, l'état général ne pouvait guère s'améliorer dans la période subséquente.

ges hydrographiques
24\. — État du fleuve
e époque, comparé à
que précédente.

C'est dans cette situation que nous arrivons au moment des premiers sondages hydrographiques de Beautemps-Beaupré, exécutés en 1821, et qui donnent enfin un relevé exact de tout le cours de la Loire, entre Nantes et l'embouchure.

En comparant la carte qui donne le relevé de ces sondages avec celles du siècle précédent, on est frappé, à première vue, en ce qui concerne la partie du fleuve en amont de Paimbœuf, de l'immense développement qu'ont pris les îles, et notamment l'île Cheviré et les îles aux abords d'Indret, d'une part, et les îles Sardine, Belle-Ile et la Maréchale dont la soudure est presque complète, d'autre part. Ces résultats semblent bien l'effet direct des digues de Magin : on serait même tenté de leur attribuer indirectement la formation de l'île Thérèse, due vraisemblablement au dépôt des sables qui, entraînés d'abord par le courant dans le chenal rétréci en amont, ont trouvé à s'épanouir librement dans les grandes largeurs qu'affecte le lit du fleuve, en aval du Pellerin. Aux abords de Belle-Ile, les dépôts s'accumulent, le chenal se présente sinueux et indécis au milieu des nouvelles îles en formation, et l'on doit signaler l'extension vraiment prodigieuse de l'île du Petit-Carnet ; il semble bien, dans ses parages, se faire un travail menaçant pour les abords de Paimbœuf.

Les passes difficiles sont toujours les mêmes :

Chantenay où l'on ne trouve au-dessous du niveau de basses mers que 1^m00,
la queue des Plombs (vers l'amont de Haute-Indre)................ 0^m60,
la queue d'Indret... 1^m10,
Couëron.. 1^m00,
la Martinière, en tête de l'Ile-de-Bois........................ 1^m00,
le Grand-Pineau, à la hauteur de la queue de la même île et de l'île des Masses.. 1^m00,
enfin les abords de Belle-Ile réunis à l'île Sardine............ 0^m30 ;

mais déjà sur ce point, et plus encore pour les quelques mauvais passages qu'on rencontre en aval, la hauteur des marées compense en partie les faibles profondeurs. Somme toute, il est évident que les passes ont perdu de la profondeur depuis Magin : la navigation, possible jusqu'à Couëron avec quatre mètres de tirant d'eau, en *hautes mers de vives eaux ordinaires,* ne l'est plus qu'avec trois mètres seulement, en amont de la Haute-Indre.

Les documents du siècle dernier sont trop informes pour permettre d'étendre la comparaison, avec la carte de 1821, à la partie du fleuve comprise entre Paimbœuf et Saint-Nazaire. Nous reviendrons sur la situation de cette partie en 1821, en la comparant aux époques ultérieures.

La situation de l'embouchure proprement dite, et notamment de la rade de Saint-Nazaire paraît s'être peu modifiée : on ne trouve, en 1821, que 3^m90, au-dessous du niveau des plus basses mers, sur la barre des Charpentiers, au lieu de

4^m55, accusés par la carte de Magin ; mais les indications de cette carte n'offrent pas un caractère d'exactitude suffisant, la coïncidence des points de repère adoptés n'est pas assez certaine, pour que cette différence puisse être appréciée à sa juste valeur et considérée comme bien réelle.

Travaux de M. Lemierre.

Entre les sondages de 1821 et ceux que nous allons bientôt leur comparer, interviennent les travaux de M. Lemierre. Ainsi que nous l'avons dit plus haut, cet Ingénieur entra résolument dans la voie tracée par Magin, en substituant toutefois le système des digues longitudinales à celui des digues transversales, et modifiant le système de construction. Comme tous les partisans des digues, M. Lemierre ne croyait pas à l'influence du rétrécissement pour favoriser le dépôt des sables à l'aval des parties endiguées ; pour éviter d'ailleurs l'effet d'appauvrissement de la masse d'eau entrant par le flot, et, par suite, de la force du jusant, conséquence inévitable de tout système d'endiguement longitudinal rattaché à la rive à ses deux extrémités, cet Ingénieur, comme on l'a fait constamment depuis, ne les enracinait que par l'amont. Les points à attaquer étaient, après le port de Nantes, les passes de Chantenay, de Haute-Indre (la queue des Plombs), d'Indret, de Couëron, et enfin la rade des Quatre-Amarres. Les travaux furent exécutés conformément aux projets de l'Ingénieur, sauf pour le dernier point où l'on ne construisit que le barrage de la Maréchale, à la tête de l'île du Petit-Carnet ; d'ailleurs cette dernière construction n'eut lieu qu'à une époque sensiblement postérieure à celle de la construction des digues d'amont.

Sondages de 1850 et 1853, comparés à ceux de 1821.

Les résultats obtenus par les travaux en question ont été rendus facilement appréciables par la rédaction d'une carte dressée à l'aide des sondages exécutés en 1850 par les Ingénieurs de la Loire, entre Nantes et Paimbœuf, combinés avec ceux de la reconnaissance hydrographique de 1853, entre Paimbœuf et l'embouchure. L'amélioration générale est sensible entre Nantes et Couëron ; les profondeurs du port de Nantes sont augmentées dans une proportion considérable. De Nantes à la Basse-Indre, le chenal a peu varié comme direction générale, tout en se régularisant, et les profondeurs ont augmenté notablement ; la passe de Chantenay, qui offrait un minimum de 1 mètre en basses eaux, en 1821, s'est approfondie de 2^m10 ; celle de la Haute-Indre a passé de 0^m60 à 1^m80, et les hauts-fonds entre Haute et Basse-Indre, de 1^m00 à 1^m80 ; les mouillages même ont gagné d'une manière sensible. De Basse-Indre à Couëron, l'amélioration continue ; les sables émergeant en basses eaux ont disparu, les hauts-fonds sont partout couverts, les profondeurs le long d'Indret ont gagné ; cependant, le chenal passant contre cette île a perdu en aval de la queue d'Indret, et ne donne plus que 0^m40 en basses eaux, mais il s'est créé un nouveau chenal au nord de l'île Lamothe, qui assure à la navigation 1^m80 au minimum au lieu de 1 mètre, en basses eaux, entre la Basse-Indre et Couëron ; le mouillage de Couëron a sensiblement perdu de sa profondeur. Somme toute, de Nantes à ce dernier point, la navigation eût été facile en hautes mers de vives eaux ordinaires avec 4 mètres de tirant d'eau au moins, si l'aval eût répondu à cette partie d'amont. De Couëron au Pellerin, la situation change ; les sables réparaissent ; l'émersion de l'île de la Liberté, hors d'un grand banc de sable préexistant à l'aval de Couëron, a permis d'y appuyer une digue dont l'effet a été de régulariser le chenal, mais la profondeur a un peu diminué sur un point particulier ; la navigation à 4 mètres n'est possible dans les conditions ci-dessus indiquées, qu'avec des contours presque impraticables dans un courant un peu violent. En réalité, ce passage paraît être devenu le plus délicat de l'époque.

Du Pellerin à la tête du Grand-Pineau, les bancs émergeant en basses eaux semblent avoir disparu en partie, et les bas-fonds se sont singulièrement réduits : la profondeur sur la passe de la Martinière s'est un peu accrue, mais sans donner plus de 4 mètres de tirant d'eau, en basses mers, pendant l'étiage ; le chenal a changé de direction : après avoir longé l'île Thérèse, par suite de la disparition du banc qui empâtait la tête de l'île Pineau, il vient rejoindre presque directement cette tête pour longer l'île dans toute sa longueur ; mais il est facile de remarquer que la largeur du chenal navigable a notablement diminué.

Le banc dont nous venons de parler, est allé rejoindre la masse d'îles et de bancs compris, sous le nom de Baraçons, entre la tête du Grand-Pineau et l'île Bernard ; plusieurs îles nouvelles ont paru au milieu de ces sables ; c'est vraisemblablement à cet endiguement naturel que sont dus la régularisation du chenal et l'approfondissement, de près d'un mètre, des hauts-fonds, entre le Grand-Pineau et la partie de Belle-Ile en face le Migron. Notons en passant que le chenal de petite navigation au sud de Belle-Ile, depuis l'île Pineau jusqu'à la tête de celle de Carnet, a perdu notablement de sa profondeur moyenne tout en se régularisant ; les fonds se sont comblés d'une façon presque complète.

Depuis le Migron jusque vers Donges où l'île Saint-Nicolas, le travail général d'ensablement du lit est incontestable ; les fonds se sont remplis d'une manière des plus évidentes, surtout dans les abords de Paimbœuf, dont les rades, et particulièrement celles des Quatre-Amarres sont réduites dans des proportions qui justifient les appréhensions et les doléances du commerce d'alors. L'île de la Maréchale a fait jonction complète avec la pointe de Belle-Ile et s'est allongée elle-même notablement ; sa pointe sert d'appui à un banc émergeant au-dessus des basses mers et qui se prolonge jusque vers le milieu de l'île de Carnet : le rétrécissement naturel ainsi opéré explique les approfondissements considérables du chenal navigable, totalement déplacé, le long de l'île Pipy et jusque vers la tour de Pierre-Rouge ; ces approfondissements n'ont guère porté cependant le minimum de profondeur, en basses mers, que de $1^m 00$ à $1^m 30$, donnant facilité à une navigation de $5^m 00$ de tirant d'eau au-dessous des hautes mers de vives eaux ordinaires. De Pierre-Rouge à Paimbœuf, le chenal s'est complétement dévié vers le sud, et se dirige presque directement sur Paimbœuf, en passant par les profondeurs en amont de ce mouillage, au lieu de suivre la ligne de Pierre-Rouge à la tour des Moutons ; les fonds entre cette tour et la grande rade de Paimbœuf ont presque entièrement disparu. Le nouveau chenal présente pour la navigation des conditions de tirant d'eau à peu près identiques à celles du chenal de 1821.

De plus, il s'est créé, depuis le Migron, un nouveau chenal longeant la rive nord du fleuve, par suite du prolongement, vers l'amont, des profondeurs existantes le long des rochers de Laveau et de Donges : ce chenal offre évidemment des conditions nautiques déjà meilleures que celles du précédent. Quant au petit chenal du sud, le bras de Carnet s'est déjà approfondi notablement, par suite de la construction de la digue de la Maréchale.

En descendant de Paimbœuf et Donges jusqu'à Mindin et Saint-Nazaire, on remarque que, de 1821 à 1853, il s'est encore produit un grand travail ; l'ensablement se porte manifestement sur la rive gauche, au bénéfice de la rive droite. La vaste rade de Mindin, qui remontait jusqu'à l'île Saint-Nicolas, est coupée et il ne reste plus en face de cette île qu'un mouillage dont la profondeur a diminué de 2^{m}00, comme l'ensemble de la rade, sauf la fosse qui se trouve précisément au droit de la pointe et semble désormais former un point singulier. L'unique chenal de 1821, devenu le chenal du sud, a évidemment perdu beaucoup, comme profondeur moyenne ; ses conditions de tirant d'eau minimum sont cependant restées les mêmes, environ 7^{m}00 au-dessous du niveau des hautes mers de vives eaux ordinaires. Le nouveau chenal du nord offre les mêmes conditions, avec moins de sinuosités : l'échancrure entre Donges et Méan s'envase de plus en plus et repousse le chenal un peu au large : les grandes profondeurs vers Saint-Nazaire ont considérablement gagné en étendue, vers l'amont, sans que leur creux ait varié d'une manière sensible.

L'embouchure proprement dite s'est peu modifiée du côté de la rive gauche, il y a cependant une tendance marquée à l'ensablement le long de la côte vers Saint-Brévin ; la rade de Saint-Nazaire s'est bien maintenue, celle de Bonne-Anse conserve sa profondeur, mais semble cependant tendre à se rétrécir un peu. Le chenal a conservé ses profondeurs jusqu'à la barre des Charpentiers ; celle-ci semble avoir gagné, puisque les sondages accusent 4^{m}50 de profondeur minima au-dessous des plus basses mers, alors qu'en 1821, ils n'accusaient que 3^{m}90.

Exécution des digues longitudinales de Nantes à l'île Thérèse, 1859-1864.

Nous arrivons à la dernière tentative d'amélioration de la Loire par le système des endiguements : les principes sont les mêmes, bien que le mode d'exécution soit un peu différent ; les objections sont toujours de même nature, danger d'ensablement en aval des digues, appauvrissement probable du flot, difficulté de louvoyage dans un chenal rétréci, et destruction des mouillages par la régularisation des fonds ; ces dernières conséquences d'un système de digues continues étaient d'ailleurs évidentes, et leur réalisation ne pouvait être douteuse pour personne.

paraison, avec les époques antérieures, de l'état la Loire en 1864-1865.

Nous avons dressé, pour apprécier les effets produits par ces travaux, une nouvelle carte de la Loire, à l'aide des sondages exécutés en 1865, par les Ingénieurs de la Loire, entre Nantes et l'île Thérèse, et par le service des Études, de l'île Thérèse au Migron, combinés avec ceux exécutés en 1864, du Migron à l'embouchure, par les Ingénieurs hydrographes de la Marine.

De Nantes à Basse-Indre, l'amélioration est évidente quant à la profondeur au-dessous des basses eaux : cette profondeur a augmenté sur le passage de Chantenay de 2ᵐ10 à 2ᵐ80 ; sur celle de la Haute-Indre de 1ᵐ80 à 2ᵐ20 ; entre la Haute et la Basse-Indre, elle est restée stationnaire. Quant au tirant d'eau possible pour la navigation, en hautes mers de vives eaux ordinaires, il n'a pas augmenté en fait ; il est toujours de 4 mètres, par suite d'un abaissement assez notable du niveau de la haute mer dont nous devons tenir compte, abaissement qui n'est qu'une conséquence bien naturelle de la plus grande facilité d'écoulement, et de l'accélération de vitesse du jusant procurée par les digues (1). On remarque déjà à partir de Roche-Maurice, une régularisation des fonds et une diminution notable du creux des mouillages.

Entre la Basse-Indre et Couëron, le chenal s'est sensiblement rapproché d'Indret, au pied des établissements duquel il y a un notable approfondissement ; les fonds se sont régularisés, et le minimum de profondeur, au-dessous des basses mers, a été porté de 1ᵐ20 à 1ᵐ40 ; mais, en moyenne, il y a plutôt exhaussement,

(1) Ce fait n'a rien que de fort naturel en lui-même : le flot se propage en rivière par une série d'ondulations successives, qui provoquent des intumescences dont le maximum d'élévation a lieu nécessairement, pour chaque point, au moment où la vitesse du courant d'amont cesse d'être prédominante ; c'est le moment du plein pour le point correspondant (on sait d'ailleurs que la courbe fictive du plein, aux divers points, ne peut être une ligne horizontale, tout obstacle brusque présenté à la propagation du flot par le fond ou les rives provoquant une surélévation dans la hauteur de l'onde ; et dans l'espèce, cette surélévation relative est fort sensible à Basse-Indre et au Pellerin) ; la vitesse du courant d'évacuation de la rivière augmentant sans que celle du flot puisse s'accroître, la prédominance du premier dure plus longtemps, et le niveau est relativement plus bas pour un même point au moment où elle s'amortit, pour une même hauteur de marée : la hauteur moyenne des marées doit donc nécessairement diminuer, sur le point dont il s'agit, si la cause de l'accélération de la vitesse du jusant devient permanente.

Nous avons cru, en conséquence, devoir recourir à tous les documents mis à notre portée pour établir, pour les divers points du cours de la Basse-Loire, le régime des marées aux différentes époques que nous avions à comparer. Nous avions à notre disposition les tableaux d'observations de Beautemps-Beaupré en 1821, des observations de M. Lemierre pour le port de Nantes, de 1826 à 1842, celles des Ingénieurs de la Loire en 1847, et celles de ces mêmes Ingénieurs en 1864 et 1865.

En dégageant avec soin les marées influencées par les crues, nous sommes arrivé à trouver, entre 1821 et 1847, une concordance suffisante pour nous faire admettre un régime commun aux deux premières périodes considérées ; mais les observations de 1864 et 1865 donnent des résultats trop différents et trop en rapport avec les effets qu'on pouvait attendre de l'endiguement, pour que nous n'ayons pas dû admettre le régime spécial à l'époque actuelle, indiqué sur nos profils.

et, en raison de l'abaissement du niveau de la haute mer, la navigation a un peu perdu : elle n'est guère assurée, en vives eaux ordinaires, qu'à 3^m80, au moment du plein, pendant la saison d'étiage qui nous sert toujours de repère comme précédemment.

Entre Couëron et l'extrémité des digues, on a gagné en profondeur environ 1^m00 : le haut fond de la Martinière a disparu (les dragages n'y sont pas étrangers), et celui qui existait en amont du Pellerin a passé de 0^m70 à 1^m70 ; la navigation est assurée, dans les conditions ci-dessus indiquées, avec un tirant d'eau de 4^m80.

De l'extrémité des digues au Migron, il s'est produit un ensablement incontestable ; les bancs et les îles s'enchevêtrent les uns dans les autres en formant un véritable chaos au milieu duquel se dessinent péniblement des petits chenaux étroits et tortueux qui ne semblent susceptibles d'aucune fixité. A la sortie même des digues, le chenal se bifurque immédiatement : le chenal principal passe au sud de la Petite-Folie et du Grand-Pineau, pour ne rejoindre la direction de l'ancien chenal qu'en tête de l'île Sardine. Ce chenal est non-seulement d'une étroitesse extrême, mais il est incontestablement inférieur à celui de la période précédente. Il présente un point singulier vers la tête du Grand-Pineau, où les sables affleurent le niveau des basses mers, et les autres hauts-fonds présentent un minimum de 0^m70, au lieu de 1^m30 que l'on trouvait avant la construction des digues ; cependant le chenal est encore incontestablement meilleur que celui de 1821. Un autre petit chenal s'embranche sur le précédent, dès la sortie des digues ; il passe au nord de la Petite-Folie et vient ranger la rive droite du fleuve, pour rejoindre le chenal principal à la queue du Grand-Baracon : les profondeurs minima sont les mêmes, mais la moyenne est moins bonne, le parcours beaucoup plus sinueux, et la largeur moins grande. Une deuxième dérivation s'embranche en tête de l'île Binet sur le grand chenal et longe la rive droite jusqu'à Laveau ; sauf un hautfond asséchant à mer basse, à 0^m10 près, et situé presqu'en face le Migron, ce chenal, tant en amont qu'en aval de ce dernier point, offre des profondeurs analogues à celles du chenal principal ; sa largeur, équivalente en amont du seuil, devient plus grande en aval. Enfin le chenal de petite navigation de la rive gauche, qui se sépare du chenal principal à la queue de l'île Pineau, a subi le sort des autres ; il est moins bon que dans la période précédente : un banc, émergeant à basses mers, le coupe sur une certaine longueur, en tête du Massereau.

En aval du Migron et jusqu'aux abords de Paimbœuf, les sables sont encore en mouvement et des effets importants paraissent tendre à se produire : d'un côté, les îles Pipy et Laveau semblent vouloir se souder ensemble, au bénéfice du chenal du nord qui se trouve augmenté de tout le débit du bras intermédiaire ; de l'autre, par un phénomène qu'on ne peut attribuer qu'à la digue de la Maréchale, les alluvions s'accumulent à la pointe de l'île de ce nom, à laquelle elles auront bientôt réuni celle du Grand-Carnet ; elles se massent également tout le long de l'île du Petit-Carnet, en repoussant au nord le chenal de grande navigation ; la digue a bien eu pour effet de créer des profondeurs considérables dans le bras de Carnet et de reconstituer sur une petite échelle l'ancienne rade des Quatre-Amarres, mais, par suite de l'écartement vers le nord du chenal principal, la grande rade de Paimbœuf a beaucoup diminué d'étendue, et toutes deux se trouvent séparées de la ligne réellement suivie par la navigation de Nantes à la mer. Le chenal principal, qui a perdu 0^{m}40 de profondeur environ vers la pointe de l'île Pipy, mais qui accuse encore 5^{m}00 de tirant d'eau en hautes mers de vives eaux ordinaires, va rejoindre le chenal du nord un peu en aval de Laveau, et range ensuite la rive droite jusqu'à Donges, par de très-belles profondeurs (5 à 7^m de basse mer).

De Paimbœuf et Donges, d'une part, à Mindin et Saint-Nazaire, de l'autre, la situation peut être considérée comme équivalente à ce qu'elle était pendant les deux périodes précédentes : les bancs de Corsept et du Bilho sont bien toujours en mouvement, et ce mouvement provoque toujours des déplacements dans la direction du chenal, mais les qualités de ce chenal modifié sont analogues à celles du chenal des périodes antérieures. Dans l'espèce, ces bancs sont remontés en amont d'une manière sensible, le banc de Bilho dépassant la tête de l'île Saint-Nicolas : le chenal de grande navigation s'est trouvé dès lors repoussé vers le sud et vient rejoindre celui de Paimbœuf en tête du Bilho ; il s'est créé de grandes profondeurs entre ces bancs et Saint-Nicolas ; par contre, la fosse en amont de Méan a un peu diminué, mais les mouillages entre Méan et Saint-Nazaire, que les chenaux réunis viennent rejoindre vers les rochers de Méan, se sont très-bien conservés et ont plutôt gagné que perdu, en creux. Du côté opposé, l'ensablement est de plus en plus manifeste : la rade de Mindin n'existe plus du tout, et la petite fosse isolée qui se trouve encore à la pointe, est menacée des deux côtés par les sables qui émergent de mer basse.

À l'embouchure proprement dite, il y a perte évidente pour toute la partie comprise entre la direction prolongée du banc des Morées, qui s'est exhaussé, et la côte de Saint-Brévin. Du côté des Charpentiers, les conditions continuent d'être bonnes : la grande rade de Saint-Nazaire se conserve et s'est plutôt améliorée ; celle de Bonne-Anse a notablement gagné, et la barre des Charpentiers se maintient dans les profondeurs ordinaires ; elle accuse un minimum de 4^{m}10, en basses mers de vives eaux.

En résumé, la situation, au point de vue du tirant d'eau offert à la navigation, peut s'établir comme suit pendant les trois périodes que nous venons de comparer.

en défalquant, bien entendu, des profondeurs réelles, les quantités nécessaires pour éviter que la quille des navires rase de trop près les hauts-fonds.

		HAUTES MERS DE MORTES EAUX.			HAUTES MERS DE VIVES EAUX ORDINAIRES.		
		1821.	1850-53.	1864-65.	1821.	1850-53.	1864-65.
		m.	m.	m.	m.	m.	m.
PARTIE fluviale	de Nantes à Basse-Indre	1,80	2,80	3,10	3,00	4,00	4,00
	de Basse-Indre à Couëron............	2,30	3,00	2,60	3,60	4,30	3,80
	de Couëron à l'île Thérèse............	2,70	2,20	3,00	4,00	3,50	4,20
PARTIE intermédiaire	de l'île Thérèse au Migron............	2,40	2,80	1,80	3,80	4,20	3,20
	du Migron à Paimbœuf ou Donges.....	3,30	3,80	3,60	4,70	5,20	5,00
PARTIE maritime	de Paimbœuf ou Donges à Saint-Nazaire..	5,50	5,50	5,50	7,00	7,00	7,00
	Barre des Charpentiers	7,00	7,50	7,20	8,50	9,00	8,70

Remarquons, en passant, pour l'ensemble de la partie endiguée, que la profondeur minima avait gagné 0ᵐ30 (de 3ᵐ50 à 3ᵐ80), et que la profondeur moyenne s'était accrue d'au moins autant, depuis l'endiguement ; ce qui constituait une amélioration notable dans les conditions de navigabilité.

Nouveaux sondages de 1866. Les sondages de 1865 ayant été opérés pendant la fin de la période d'étiage, nous avons pensé qu'il convenait de voir quelle pourrait être l'influence des crues sur le chenal endigué, et nous avons réuni sur une nouvelle carte le résultat de nouveaux sondages opérés, au commencement de l'étiage de 1866, par les soins des Ingénieurs de la Loire, pour la partie endiguée, et par le service des Études, de la fin des digues au Migron.

Dans toute la partie endiguée, une amélioration évidente s'est produite, particulièrement aux abords d'Indret et du Pellerin. La navigation peut largement se faire, en hautes mers de vives eaux ordinaires, à 3ᵐ80 de tirant d'eau, et quelques légers dragages, entre Haute et Basse-Indre, l'assureraient facilement à 4ᵐ00. La profondeur moyenne a encore augmenté plus sensiblement que la profondeur minima.

De l'extrémité des digues au Migron, le chenal de la grande navigation s'est sensiblement amélioré, et la navigation est assurée avec un tirant d'eau de 4ᵐ10, en hautes mers de vives eaux ordinaires, et 2ᵐ70, en hautes mers de mortes eaux : l'influence des crues d'hiver est bien réelle, et ces crues paraissent produire les résultats qu'on en attendait. Les petits chenaux du nord sont restés dans une situation à peu près équivalente à celle qu'ils affectaient avant les crues ; par contre, le chenal de petite navigation du sud est complétement bouché, et les bancs émergent de 0^m40 environ, au-dessus de l'étiage, sur deux points, en tête de l'île Sardine, et vers la tête de celle du Massereau.

es partiels après la crue d'octobre 1866.

Enfin, après la crue exceptionnelle du commencement d'octobre 1866, il pouvait être intéressant d'examiner si les conditions de navigabilité n'avaient point été modifiées sensiblement. MM. les Ingénieurs du service de la Loire ont bien voulu mettre à notre disposition, à cet effet, le relevé des sondages qu'ils ont fait exécuter au mois de décembre dernier ; ces sondages sont complets pour les passes les plus difficiles existant entre les digues le long d'Indret, comme entre Couëron et le Pellerin, et pour toute la partie comprise entre l'île Thérèse et l'île Bernard ; pour le restant de la partie endiguée, ils ne consistent que dans quelques profils en long.

Il résulte de ces constatations que la crue d'octobre 1866 n'a fait qu'améliorer les conditions de navigabilité du chenal principal, où le tirant d'eau, en hautes mers de vives eaux ordinaires, paraît tout à fait assuré à 4^m00, entre Nantes et Couëron, et à 4^m50, tant de Couëron à l'île Thérèse, que de ce dernier point à l'île Bernard. Les petits chenaux du nord persistent dans les mêmes conditions de profondeur que par le passé, mais en se rétrécissant de plus en plus ; celui du sud est toujours obstrué comme il l'était avant la crue, au grand détriment de la petite navigation de Nantes à Paimbœuf qui ne peut se faire à basse mer, pour les tirants d'eau les plus faibles, qu'en contournant par l'ouest le banc qui sépare ce dernier port de profondeurs de Donges.

Les grands bancs qui obstruent le lit de la rivière, entre la queue de l'île Thérèse et Belle-Ile, semblent plutôt croître que diminuer, et tendre de plus en plus à la réunion de toutes les îles déjà formées dans cette partie si tourmentée de la Loire.

é de l'étude compara- de la Loire, à diffé- es époques.

Nous allons essayer maintenant de résumer, d'une manière générale, l'étude dont nous venons de donner les principaux résultats de détail.

L'exécution des digues, à différentes époques, a donné des résultats locaux très-satisfaisants : partout où elles ont été établies et maintenues avec soin, les améliorations qu'on en attendait se sont réalisées en grande partie, pour toute la portion du fleuve dans laquelle leur action pouvait s'étendre. A ce point de vue, le système de l'endiguement longitudinal continu a une supériorité incontestable sur ceux qui avaient été essayés auparavant ; les améliorations s'étendent naturellement à toute la partie endiguée, dont les profondeurs se régularisent ; les mouillages se comblent, il est vrai, mais les hauts-fonds disparaissent, et la navigation, forcée de se faire hâler ou remorquer, autant par les besoins de célérité de l'époque actuelle, que par la difficulté de louvoyer dans un chenal étroit, tire

évidemment plus de bénéfices de l'augmentation du tirant d'eau, que de préju-
dices de la disparition de quelques fosses, plus ou moins variables, d'ailleurs, dans
leur position et dans leur creux.

Dans l'état actuel des choses, les digues continues ont produit une augmentation de tirant d'eau de 0ᵐ50 à 0ᵐ60 au minimum, défalcation faite de l'abaissement du niveau de la marée sur certains points, et assurent une navigation facile
dans leur parcours, avec 4ᵐ00, en hautes mers de vives eaux ordinaires, et 2ᵐ80,
en hautes mers de mortes eaux, pendant la saison d'étiage. Le tirant d'eau réel
moyen est de beaucoup supérieur, la période des crues étant infiniment plus prolongée que celle de l'étiage ; les conditions sont donc meilleures d'une manière
absolue qu'elles ne l'ont été à aucune époque, il est bon de le constater ; et, comme
nous le dirons plus loin, on peut espérer les voir s'améliorer encore, par la suite,
avec des dépenses relativement faibles.

Mais à côté des avantages des endiguements, il faut voir leurs inconvénients. On
a reproché à l'Ingénieur Magin de n'avoir dirigé ses travaux qu'en vue de créer des
atterrissements : ce reproche est sans doute peu fondé, mais les effets d'atterrissements qui se sont produits, par l'exécution des premières digues, ont vraisemblablement dépassé les prévisions de l'Ingénieur ; ils ont d'autant plus frappé
l'opinion publique, et leur intensité fait comprendre que ce reproche ait pu
prendre quelque consistance. Il est incontestable que les digues du dix-huitième
siècle ont été la cause principale, sinon unique, de l'accroissement considérable
qu'ont pris les îles, entre Nantes et la Haute-Indre, et aux abords d'Indret, de
l'apparition des îles Neuve de Conëron et Thérèse, ainsi que des effets encore
plus sensibles produits dans les parages de Belle-Ile, dont le moindre n'est pas la
soudure de cette île avec celles Sardine et de la Maréchale et le développement
vraiment prodigieux de l'île du Petit-Carnet. Les phénomènes qui s'accusent de
plus en plus, en ce moment, dans ces mêmes parages, ne sont-ils pas dus au barrage de la Maréchale ? Pour nous, la chose n'est pas douteuse, et la conséquence
de l'existence de cette digue sera, d'ici à un avenir assez prochain, la réunion à la
Maréchale des îles du Grand et du Petit-Carnet et la séparation tout à fait complète des rades de Paimbœuf, d'avec le chenal de grande navigation.

Les digues longitudinales ont évidemment moins d'effet local sur les atterrissements que le barrage des bras secondaires de la rivière, mais elles n'en viennent
pas moins en aide au travail incessant de la nature, qu'elles accélèrent et préci-
pitent, faisant en quelques années l'œuvre d'un siècle peut-être. Comme nous
l'avons dit sommairement, en commençant ce chapitre, le lit de la Loire tend à
s'ensabler de plus en plus de l'amont à l'aval ; le fait incontesté du cheminement
des sables sur le fond, les profondeurs indéfinies, pour ainsi dire, de ces sables qu'accusent les sondages, sur divers points, ce fait traditionnel qu'autrefois la marée
remontait à Ancenis, tandis qu'aujourd'hui elle cesse de se faire sentir à Mauves,

tendent, à défaut de documents authentiques, à prouver d'une manière certaine
l'exhaussement progressif du fond du lit ; les digues longitudinales et surtout les
digues continues peuvent être suffisantes, nous l'admettrons sans peine, pour
contrebalancer cet exhaussement, mais, par cela même que les sables ne se dépo-
seront plus sur le fond, ils seront nécessairement transportés en aval en plus
grande quantité : nous verrons ce qu'ils peuvent devenir. Si l'exhaussement progressif du lit peut être combattu par les digues longitudinales, le rétrécissement
naturel du lit moyen, du lit des crues ordinaires, correspondant à la période
principale du transport des sables vers l'embouchure, est singulièrement accéléré
par suite de leur existence ; sans doute, les atterrissements locaux sont moins
considérables, comme nous le disions plus haut, que ceux que provoque le barrage des bras secondaires, mais les réservoirs laissés derrière les digues, pour
l'emmagasinement du flot, ne tardent pas à se combler (l'expérience le prouve
surabondamment depuis l'exécution des dernières digues), quelles que soient les
ouvertures ménagées pour la descente, pendant le jusant, des eaux emmagasinées.
Ces poches une fois remplies, le régime fluvial est définitivement régularisé dans
toute la partie endiguée, les sables ne peuvent plus se déposer sur le parcours
correspondant, et les effets du travail naturel d'endiguement, par exhaussement
des bancs et apparition successive de nouvelles îles, se trouvent rapidement transportés en aval. Si, à l'extrémité des digues, les sables se trouvaient projetés dans
de grandes profondeurs, entretenues par un courant de direction constante et
d'une rapidité suffisante, comme les courants littoraux, le problème serait résolu,
mais nous sommes loin de ces conditions, dans l'espèce qui nous occupe. Il ne
peut, en effet, venir à l'esprit de qui que ce soit, de songer à l'entreprise aussi
incertaine que colossale d'un prolongement de l'endiguement jusqu'à la barre des
Charpentiers ; les digues devront toujours, comme aujourd'hui, se terminer en un
point du fleuve où le courant de jusant et le courant de flot viendront se rencontrer dans deux directions à peu près diamétralement opposées. Dans cette partie,
quelle qu'elle soit, l'amortissement de vitesse des deux courants contraires créera,
non pas une barre proprement dite, parce que la largeur du lit, à l'extrémité de
l'endiguement, présentera toujours une dimension trop considérable relativement
à celle de la partie endiguée, mais une série de hauts-fonds, de bancs, d'îles plus
ou moins mobiles qui donneront au chenal navigable une direction toujours incertaine, avec une profondeur toujours restreinte. Si cette portion de la rivière à
régime incertain, intermédiaire entre le régime fluvial et le régime maritime,
n'avait qu'une faible longueur, il suffirait de dragages énergiques, continus et bien
dirigés, pour y maintenir au chenal une profondeur à peu près constante ; mais elle
aura forcément une longueur considérable et d'autant plus grande que le régime
fluvial sera descendu plus bas, et que les courants opposés seront plus énergiques.
En effet, d'une part, en raison de la grande largeur existante entre les rives, le

courant de flot se dirigera de préférence vers l'une d'elles, tandis que le courant de jusant longera la rive opposée, et l'amortissement de l'un par l'autre ne s'établira pas au même moment, pour tous les points d'une section perpendiculaire à l'axe du fleuve ; il en résultera des dépôts d'alluvions marines sur une rive et de sables sur l'autre, et, entre les deux, d'autres dépôts de nature mixte, provoqués par le remous ; d'autre part, le point d'amortissement, tant du côté de la rive droite que du côté de la rive gauche, sera essentiellement variable, soit en ce qui concerne le flot, par suite des dénivellations des hautes mers de vives eaux et de mortes eaux et de l'influence des vents, soit en ce qui concerne le jusant, par suite de la hauteur des crues, dont l'influence se propagera d'autant plus loin vers l'aval que la régularisation du régime fluvial aura été descendue davantage. Ce régime d'incertitude, évidemment menaçant pour l'embouchure dans un avenir, très-éloigné sans doute, mais d'une échéance fatale, se localise en ce moment entre l'île Thérèse et le Migron, point où les crues cessent de faire sentir leur influence, et où s'accuse également le maximum de hauteur de la courbe fictive du plein de la marée qui, en 1847, se trouvait vers le Pellerin : dans cette partie, la navigation ne trouve qu'un chenal de plus en plus indécis et étroit, et n'est assurée qu'avec un tirant d'eau variant de 3^{m}20 à 4^{m}50, en hautes mers de vives eaux ordinaires, et de 1^{m}80 à 3^{m}10, en hautes mers de mortes eaux, suivant la période de l'année où l'on se trouve. Du Migron à Paimbœuf ou Donges, le tirant d'eau du chenal se maintient, il est vrai, dans les environs de 5^{m}00, en vives eaux, mais les rades de Paimbœuf se comblent de plus en plus : il est donc incontestable que l'avenir n'est pas assuré, dans les limites même assez restreintes, pour ce parcours, et qu'un prolongement de l'endiguement compromettrait certainement d'une manière complète les abords de Paimbœuf, et très-probablement aussi nuirait à la conservation des rades de Saint-Nazaire ; les craintes exprimées à ce sujet, en 1851, par les Commissions d'enquête nautique et d'utilité publique, sont donc pleinement justifiées par l'expérience.

Dans la partie purement maritime du cours de la Loire, comprise entre l'aval des rades de Paimbœuf ou le travers de Donges, en amont, et les pointes de Mindin et Saint-Nazaire, à l'aval (1), la situation ne s'est pas sensiblement modifiée, au moins depuis le commencement du siècle ; le seul phénomène d'exhaussement de fond bien sensible est celui du comblement de l'ancienne rade de Mindin, qui devient de plus en plus complet ; la profondeur du chenal navigable est toujours la même ; elle assure 7^{m}00 de tirant d'eau, en hautes mers de vives eaux ordinaires, et 5^{m}50 en hautes mers de mortes eaux.

Pour l'embouchure proprement dite, les conditions nautiques n'ont pas changé

(1) Cette dénomination de *partie purement maritime* nous semble bien justifiée par ces faits, que, dans cette partie, la hauteur de la pleine mer reste à peu près constante, par rapport à un plan de niveau, qu'on n'y voit surgir aucune île et que les crues n'y exercent aucune influence sur la hauteur de la marée.

depuis un siècle au moins ; les sables se sont un peu accumulés le long de la côte de Saint-Brévin, mais cette circonstance n'influe en rien sur le facile accès du chenal navigable ; les profondeurs permettent une navigation sûre aux bâtiments tirant 8^{m}50, en hautes mers de vives eaux ordinaires, et à ceux tirant 7^{m}00, en hautes mers de mortes eaux.

Les conséquences de ce qui précède se déduisent facilement.

Dans la partie de la Loire que nous avons appelée maritime, entre l'aval de Paimbœuf et la mer, les conditions de navigabilité indiquées au programme qui nous a été fixé par la Chambre de commerce de Nantes peuvent être considérées comme remplies, pour le moment, et assurées pour un avenir assez long, sans qu'il soit nécessaire ou utile de recourir à l'exécution d'aucuns travaux, et notamment à la création d'un canal maritime.

Dans la partie endiguée ou purement fluviable, ces conditions ne sont pas remplies, malgré l'amélioration procurée par l'endiguement ; mais nous avons la conviction bien sincère que le dernier mot de cette amélioration n'est pas dit. La persistance de certains hauts fonds est bien évidemment due à l'existence sous le sable, et à une profondeur très-faible, souvent nulle, d'une couche de vase ferme agglutinée depuis des siècles, connue dans le pays sous le nom de *jale* : un simple dragage de cette jale dans la longueur de ces hauts-fonds permettrait peut-être au courant d'enlever, par la suite, les sables qui pourraient se déposer, une fois le dragage opéré, et de les rejeter dans les bas-fonds : on obtiendrait ainsi à peu de frais une régularisation complète du fond du lit. Nous avons cherché à nous rendre compte de la quantité de déblais qu'il y aurait à faire de la sorte, pour réaliser, dans la saison d'étiage, un tirant d'eau *effectif* de 6^{m}00 en hautes mers de vives eaux, et 5^{m}20 en hautes mers de mortes eaux (tirant d'eau qui se trouverait notablement augmenté à la moindre crue, c'est-à-dire plus des 3/4 de l'année) ; nous avons reconnu, d'après les sondages de 1866, que la quantité de ces déblais ne dépasserait pas 700 à 750,000 mètres cubes, et n'occasionnerait, par suite, pas une dépense première de plus d'un million ; la largeur du fond du chenal creusé étant restreinte à 50^{m}00, le pied des digues se trouverait garanti contre les chances d'affouillements. Il y aurait lieu d'examiner, en outre, si en raison de la régularisation du fond et de la suppression des mouillages, il ne serait pas nécessaire d'assurer des moyens de halage aux navires du cabotage, qui ne peuvent supporter des frais de remorquage : il suffirait pour cela de l'établissement d'une simple passerelle à claire-voie sur la crête même des digues, au-dessus du niveau des crues ; la dépense de cette construction, nécessaire d'un seul côté de la rivière et sur 12 kilomètres de longueur environ, pourrait être estimée à 1,800,000 francs au maximum, à raison de 150 francs par mètre courant (1). En raison de la profondeur même donnée au chenal et du régime de la Loire, il est plus que probable, on ne peut se le dissimuler, que cette profondeur ne s'entretiendrait pas naturellement ; quel serait l'ensablement annuel ? il est difficile de l'apprécier. En l'évaluant au tiers du dragage primitif, il semble qu'on doit se trouver dans une limite bien supérieure à la réalité ; il s'ensuit qu'avec une dépense annuelle de 300,000 francs environ, les résultats acquis deviendraient permanents, dans l'hypothèse où l'entretien annuel devrait se faire uniquement par voie de dragages. Sans pouvoir actuellement rien préciser, nous avons la ferme conviction qu'il serait possible de trouver des procédés d'entretien, applicables peut-être même partiellement à l'approfondissement primordial, plus économiques qu'un dragage pur et simple ; ou ces procédés pourraient venir en aide à l'action des dragues, ou ils pourraient être employés exclusivement, ce qui paraît moins probable. L'attention se trouverait naturellement portée en première ligne sur l'application dans un courant continu, d'un système de jetées ou digues mobiles, plus ou moins analogues aux guideaux employés avec succès pour la direction des courants intermittents des chasses, dans les ports de la Manche et de la mer du Nord ; ce système ne peut évidemment produire aucun résultat utile sur les points où la largeur est assez considérable pour que le chenal puisse se diviser en plusieurs courants, et où chacun de ces courants partiels n'est contenu que par des bancs formés d'alluvions sans consistance et d'une extrême mobilité, comme cela a lieu en aval des digues ; mais il semble, *à priori*, devoir s'appliquer avec succès dans des parties étroites où le courant unique est resserré entre des obstacles fixes comme les digues (2).

(4) Une question subsidiaire nous paraîtrait devoir être examinée en même temps. Les réservoirs conservés derrière les digues, pour l'emmagasinement du flot, se comblent d'alluvions, nous l'avons dit, et d'alluvions d'une consolidation longue et difficile. Le moment approche où toute la capacité des réservoirs sera occupée, et où, par conséquent, ils ne viendront fournir aucun contingent d'accroissement au courant de jusant. Dans ces conditions, ne seront-ils pas plus nuisibles qu'utiles, en ce sens qu'au moment où ils sont dominés par les crues, les couches supérieures se trouvant remuées et entraînées par le courant vers les orifices réservés en aval, viennent augmenter d'autant la quantité des matières transportées vers la partie de la rivière où se font les dépôts ? Ne vaudrait-il pas mieux fermer les réservoirs à partir d'un certain degré d'ensablement, quitte à arraser les digues un peu plus bas ? Nous ne faisons que poser la question, sans prendre sur nous de la résoudre.

(2) L'idée de l'emploi de guideaux dans la Loire n'a rien de nouveau ; les épis mobiles de Magin n'étaient évidemment pas autre chose, en principe, et leur effet utile n'a pas été controversé d'une manière sérieuse ; depuis, et à plusieurs reprises, cette idée a été reproduite sous diverses formes, mais aucun essai n'a été tenté.

Nous avions pensé qu'il pourrait être utile de présenter, comme complément de nos études, quelques expériences sur la possibilité de faire manœuvrer un engin de ce genre dans le courant de la Loire, et nous avions fait construire, à cet effet, un guideau du modèle employé pour les chasses du port de Dunkerque, afin de chercher à nous rendre compte des principales modifications de construction à y introduire pour rendre sa manœuvre possible, en laissant à qui de droit le soin de tirer les conséquences de ces expériences préliminaires. La persistance un peu exceptionnelle des crues pendant la plus grande partie de l'année 1866, l'obligation où nous avons été de reporter, au commencement de la saison d'étiage, toutes les forces du personnel des études sur d'autres points d'une importance plus capitale pour l'accomplissement de notre mission, nous ont arrêté longtemps, et nous allions faire quelques essais, au moment même où est survenue subitement la crue des premiers jours d'octobre. L'engin existe néanmoins entre les mains de la Chambre de commerce : la dépense de son établissement étant faite, il serait à désirer que les expériences de manœuvre pussent être réalisées.

Nous n'hésitons donc pas à déclarer qu'avant de songer à réaliser l'exécution de
travaux coûteux, entre Nantes et l'extrémité des digues, il nous paraîtrait nécessaire de déterminer la limite des améliorations susceptibles d'être obtenues par
l'endiguement lui-même, aidé de quelques abaissements des hauts-fonds actuels;
et que, jusqu'au moment où il sera démontré qu'une simple dépense d'un million ne suffira pas à assurer à la navigation les conditions que nous avons indiquées tout à l'heure, il n'y aurait pas lieu, pour la partie purement fluviale, plus
que pour la partie exclusivement maritime de la Loire, de songer à remplacer la
voie navigable naturelle par un canal maritime.

Il nous reste à examiner si les conditions sont les mêmes pour la partie intermédiaire entre les deux régimes : c'est incontestablement dans cette partie que
se rencontrent les difficultés les plus grandes, les plus sérieuses pour la navigation, autant comme faiblesse de tirant d'eau que comme mauvaise direction
et variabilité du chenal ; ces conditions défectueuses tendent plutôt à s'aggraver
qu'à s'améliorer. Existe-t-il un moyen de remédier au mal ? Nous avons surabondamment prouvé, nous le croyons, qu'un travail d'endiguement est inexécutable ;
nous ne parlerons pas de toutes les machines inventées à toutes les époques,
dans le but de creuser le lit des rivières, et qui reposent toutes sur des idées
plus ou moins spécieuses, mais complétement erronées, ou en désaccord avec
les notions les plus élémentaires de la science ; nous ne dirons qu'un mot des
divers projets présentés dans le but d'utiliser le lit du fleuve pour une navigation
à grand tirant d'eau, et y conserver les profondeurs acquises. M. Demangeat a cru
trouver un moyen de décanter les eaux en amont de Nantes, et de séparer ensuite
le lit du fleuve, par une digue longitudinale, en deux chenaux, le chenal des eaux
limpides et celui des eaux troubles et des sables : il n'y aurait plus qu'à approfondir
le premier qui s'entretiendrait naturellement. Ainsi d'abord, l'auteur voue la rive
gauche tout entière à l'ensablement, sans souci des droits acquis des populations ;
en second lieu quel est le moyen pratique qu'il propose pour opérer la décantation ?
diminuer la vitesse de l'eau en diminuant la pente du lit par des digues, épis ou
barrages partiels, de manière à ce que l'eau n'ait plus assez de force pour entraîner
les sables. Mais en admettant, ce qui est loin d'être démontré, qu'on puisse trouver
un moyen de réaliser le problème pour une lame d'eau très-mince dont la pente
de superficie est la même que celle du fond, et dont la vitesse n'est, en conséquence, fonction que de cette dernière, que devient le système dans le cas d'une
pente de superficie sensible, en un mot que devient le procédé de décantation à
la première crue ? L'idée de M. Briant-Dumarais n'est pas plus pratique : sans
discuter l'économie du projet, il nous suffit de dire qu'il consiste à créer au milieu
du lit du fleuve, par des endiguements, un chenal où les eaux propres auront
seules accès, les sables étant rejetés dans les chenaux latéraux entre chaque digue

et la rive correspondante : c'est un endiguement à l'aval duquel, réussit-il dans son but spécial, sables et eaux propres viendraient se réunir ; ce ne peut donc être un remède utilisable, pour la partie du fleuve qui nous occupe en ce moment.

Le dragage sur une grande échelle est-il applicable ? beaucoup l'ont pensé ou le pensent encore ; nous ne partageons pas cette opinion. Nous ferons abstraction de la difficulté de trouver un lieu de dépôt pour des cubes aussi considérables et incessamment renouvelés, puisque les apports du fleuve sont incessants, dans cette partie surtout ; nous n'insisterons même pas sur la question de dépenses d'un entretien de cette nature : nous ne parlerons que des difficultés matérielles d'exécution. En présence d'une rivière charriant constamment des sables, comme nous venons de le répéter, de chenaux complétement indécis, au milieu de bancs d'une mobilité extrême, d'îles nombreuses éparpillées, comme les bancs, sur une largeur variant entre 1,200 mètres et 3,000 mètres, qui pourrait affirmer que le trou creusé sur un point quelconque ne se boucherait pas le lendemain ? que pour enlever un mètre cube utile, il ne faudrait pas en draguer dix et peut-être plus ? Quel immense déploiement de matériel ne faudrait-il pas d'ailleurs pour produire un résultat efficace dans le peu de temps que l'état des eaux laisserait au travail de chaque année ? Il ne faut pas perdre de vue, en effet, que nous sommes encore dans la partie influencée par les crues, et que nous sommes déjà dans celle où les vents produisent une agitation suffisante pour rendre les dragages impossibles.

Pour nous, la partie intermédiaire de la Loire, de la fin des digues à Paimbœuf, est incurable, nous n'hésitons pas à le dire ; bien plus, nous avons la ferme conviction qu'en essayant de l'améliorer, on ne peut que nuire à la partie maritime, heureusement bonne encore.

Dans cet état de choses, et si le gabarage ne peut pas suffire à assurer la prospérité du commerce de Nantes, comme il ne paraît que trop certain, le seul remède applicable, s'il en est un, c'est la création d'une voie de navigation artificielle, d'un canal maritime, pour remplacer la voie naturelle dans cette partie défectueuse. Nous allons examiner cette question dans tous ses détails.

CHAPITRE III.

Étude d'un canal sur la rive droite.

Après ce que nous venons de dire dans le chapitre qui précède, le problème se réduit à l'étude de la possibilité d'exécution d'un tronçon de canal maritime, entre un point situé non loin de l'extrémité des digues et un autre point aux abords de Paimbœuf. Nous avons cru néanmoins devoir présenter une étude complète de canal, entre Nantes et l'embouchure, tant sur la rive droite que sur la rive gauche. En effet, nul ne peut affirmer d'une manière absolue que les améliorations que nous considérons comme très-réalisables dans de minimes conditions de dépenses, pour la partie endiguée de la Loire, pourront être obtenues et conservées ; si notre espoir était trompé, ou qu'une cause quelconque vînt à anéantir les résultats acquis, il faudrait songer au prolongement du canal vers le port de Nantes ; d'autre part, quelque lointaines que soient les chances d'ensablement du chenal, entre Paimbœuf et l'embouchure, le travail de la nature peut se trouver précipité en dehors des limites de toute prévision humaine ; il y aurait alors nécessité de prolonger le canal vers l'embouchure. L'étude devait donc être dirigée dans le sens d'un prolongement possible en aval comme en amont ; elle devait démontrer si une exécution partielle n'entraînerait pas à des suppléments de dépenses tels, au point de vue des accès, qu'il vaudrait mieux recourir, dès le principe, à une exécution totale ; en un mot, elle devait comprendre le canal tout entier de Nantes à l'embouchure. Nous verrons plus loin que la division en trois tronçons est naturelle, et commandée par les nécessités mêmes de la question d'ensemble, et que le scindement de l'exécution ne peut entraîner à aucun inconvénient sérieux.

Avant tout, et pour chacune des deux rives, nous avons quelques mots à dire sur les projets primitivement présentés, pour expliquer pour quelles raisons nous n'avons pu accepter le programme de leurs auteurs.

Le projet de canal sur la rive droite, entre Nantes et Saint-Nazaire, étudié par M. l'Ingénieur en chef Cabrol, n'a jamais été produit, ni même terminé, mais les pièces principales qui ont été conservées, donnent des indications suffisantes. La direction générale suivie par le tracé était presqu'identiquement celle du chemin de fer de Saint-Nazaire, depuis Nantes jusqu'à Couëron, comme aux abords de Donges : la traversée de Couëron était prise, pour moitié de la largeur du canal, sur le lit de la Loire, et la paroi de la cuvette formée, de ce côté, par un mur en maçonnerie ; de Couëron à Donges et de Donges à Saint-Nazaire, le canal traversait les prairies de Saint-Étienne-de-Montluc et de Montoir. Du côté de Nantes, où se faisait la prise d'eau d'alimentation, le canal débouchait dans un vaste bassin créé dans la prairie de Chantenay ; du côté de la mer, il débouchait dans le bassin de Saint-Nazaire. Il n'y avait dans tout ce parcours qu'un seul bief, et tous les étiers, y compris le Brivet, s'écoulaient à la mer par des siphons construits sous le plafond du canal : en raison de l'importance de ce dernier cours d'eau et de la navigation qui s'y produit, il était projeté, de chaque côté du canal, au droit du siphon correspondant, une écluse à sas pour l'accès des bateaux venant de la mer ou de l'intérieur de la Grande-Brière. La hauteur d'eau du canal étant de 6^{m}00, et le plan d'eau étant fixé au niveau des hautes mers de vives eaux ordinaires à Saint-Nazaire, la cote du plafond se trouvait à 0^{m}40 en contre-bas du zéro de ce point ; la largeur au plafond était de 20^{m}00, la largeur au plan d'eau de 36^{m}00, environ en terrain de vases, et de 25^{m}00, en terrain de rocher. Les principales objections faites ou à faire à ce projet, sont : 1° l'insuffisance de la section en largeur, surtout en terrain de rocher ; 2° l'insuffisance du tirant d'eau qui n'aurait été au plus que de 4^{m}50 en mortes eaux (le niveau du plafond se trouvant à 4^{m}20 en contre-bas des hautes mers de mortes eaux, il n'aurait guère été possible de conserver plus de 5^{m}00 d'eau pendant les quadratures) et de 5^{m}50 en vives eaux ; 3° les difficultés, sinon l'impossibilité de construire, sous ce plafond, à 0^{m}40 en contre-bas du zéro, un siphon capable de suffire à l'écoulement du Brivet en temps de crues, sans oublier les dangers d'envasement des siphons en général et de celui-ci en particulier ; 4° les difficultés d'exécuter dans les vases molles des marais de Saint-Étienne-de-Montluc (prairie de Vair), les déblais de la cuvette et les remblais nécessaires pour établir les digues de défenses du canal. Nous devons dire cependant, en ce qui nous concerne, que les études de M. Cabrol ont été très-utiles pour nous, et que nous y avons trouvé des indications intéressantes.

Projets Radiguel et Dubochet.   Le double arrêt qui a frappé l'avant-projet de M. Radiguel, nous impose à ce sujet une grande réserve : le projet qui ressort de nos études n'emprunte aux idées de cet Ingénieur rien qui lui soit propre, et dont il puisse revendiquer la paternité ; mais afin qu'on puisse en juger en connaissance de cause, il est indispensable que nous exposions en quelques mots les principales dispositions de son programme.

Dégagé du canal d'alimentation d'Ingrandes à Nantes, de la transformation de la Loire actuelle en une nouvelle ville, de la création en amont du port de Nantes d'une chute destinée à créer une force hydraulique considérable, du canal de dérivation des étiers, le projet de M. Radiguel se réduit à la création d'un canal d'un seul bief pris sur le lit de la Loire, dont il se trouve séparé par une digue longitudinale à peu près parallèle à la rive droite, et s'appuyant sur les îles dans une grande partie de son parcours. M. Dubochet avait présenté, en 1849 et 1851, un projet dont l'idée mère était la même ; il consistait à établir une digue longitudinale continue pour séparer une certaine largeur prise sur le lit de la Loire le long de la rive droite, et créer ainsi un canal avec écluses à chacune de ses extrémités, formant un seul bief dont le plan d'eau aurait été à peu près à la hauteur du niveau moyen de la Loire, et auquel un tirant d'eau de seize pieds (5^m 30 environ) aurait été assuré, au moyen de dragages. M. Radiguel, au contraire, fixe son plan d'eau à 6^m 68 au-dessus du zéro de Saint-Nazaire, soit à 0^m 18 au-dessus du niveau des quais de ce port, 1^m 08 au-dessus du niveau des hautes mers de vives eaux ordinaires sur le même point, et 1^m 28 au-dessus du niveau correspondant à Nantes : il espère assurer une profondeur de 7^m 50 par un approfondissement à 0^m 82 en contre-bas du zéro ci-dessus indiqué comme repère ; la largeur de la section de son canal est portée à 150^m 00, en moyenne, au plan d'eau, réduite à 76^m 05 dans les tranchées ; la digue de séparation avec le lit de la Loire est une simple digue en sable à talus extérieur très-aplati ; la prise d'eau sur le canal d'alimentation se fait à Nantes et le débouché a lieu dans le bassin de Saint-Nazaire ; le canal n'a qu'un seul bief, avec entrée directe en Loire, à Nantes, aux abords d'Indret, du Pellerin et de Paimbœuf ; l'assèchement des prairies se fait au moyen d'une rigole latérale à deux versants, l'un partant de Chantenay vers Nantes, passant sous l'Erdre et débouchant à la prairie de Mauves, l'autre, allant de Chantenay vers Saint-Nazaire, prenant tous les étiers au passage à l'aide d'une augmentation de section progressive, constituant dans sa partie d'aval une véritable dérivation du Brivet, et débouchant directement à la mer, à l'ouest ou au nord de Saint-Nazaire.

Pour l'intelligence des détails dans lesquels nous allons entrer, nous indiquerons d'abord que dans toutes les pièces du dossier, les nivellements sont rapportés à un plan passant à 20^m 00 en contre-bas du zéro de Saint-Nazaire. Toutes les cotes de hauteurs qui seront indiquées dans notre exposé sont donc comptées à partir de ce plan de comparaison.

La fixation du niveau du plan d'eau du canal nous a semblé devoir être la première donnée à établir. Nous avons été guidé pour la déterminer par les considérations suivantes : 1° à l'exception du terrain de vase ferme ou de rocher, tous les terrains à traverser présentent une perméabilité d'autant plus grande que le tracé s'approche davantage de la Loire ; ce rapprochement est souvent inévitable ; dans les parties défendues par des digues, ces défenses ne pourront la plupart du temps être construites qu'avec un noyau de sable et leur étanchéité sera longue à se produire ; il nous a donc paru indispensable, pour conserver un tirant d'eau à peu près constant, de choisir pour le niveau du plan d'eau une hauteur peu différente de celle du niveau moyen de la mer, afin que l'accroissement de hauteur de l'eau dans le canal, qui tendrait à se produire pendant la période voisine de la haute mer, puisse être compensée par l'abaissement qui tendrait à se produire aux environs du moment de la basse mer ; 2° l'écoulement des eaux des étiers est une des principales difficultés du problème à résoudre : le système du siphon de M. Cabrol offre des inconvénients de plus en plus grands, de plus en plus insurmontables, et leur fonctionnement convenable est de plus en plus problématique, au fur et à mesure que le niveau du plafond du canal aura été abaissé, pour une raison quelconque ; un écoulement constant en dehors du canal ne peut être assuré qu'avec des dépenses considérables, disons le mot, presque colossales ; le seul moyen d'assurer l'assèchement des prairies, en temps de pluies abondantes, est de faire déboucher tous les étiers dans le canal même. Or, le seuil de déversement de tous ces étiers dans la Loire se trouve actuellement environ vers la cote 23^{m}00. L'adoption de cette cote pour le niveau normal du plan d'eau assurerait donc cet assèchement dans les meilleures conditions, dans des conditions bien plus avantageuses qu'aujourd'hui, puisque d'intermittent, suivant les hauteurs de marées et de crues, qu'il est actuellement, il deviendrait permanent ; la cote 23^{m}00 correspond d'ailleurs à peu près au niveau moyen de la mer à Saint-Nazaire ; nous l'avons en conséquence adoptée pour celui du plan d'eau. Il en résulte que, pour réaliser les conditions de 6^{m}00 de profondeur posées par notre programme, le plafond et les buscs des écluses doivent être descendus à la cote 17^{m}00. Cette cote, de 1^{m}00 environ plus élevée que la barre des Charpentiers, de 0^{m}30 environ supérieure à celle des buscs des écluses de Saint-Nazaire, met d'ailleurs le canal bien en rapport avec l'embouchure de la rivière. L'adoption du niveau normal à la cote 23^{m}00, un peu inférieur au niveau de l'étiage de la Loire au port de Nantes, permettrait du reste d'assurer l'alimentation par l'amont avec des eaux claires, sans crainte de perte de tirant d'eau pendant la saison des basses eaux ; en temps de crue, l'alimentation se ferait en partie par les infiltrations et les apports des étiers, et quant au surplus de la consommation, il pourrait être pris dans la Loire, au point que l'on jugerait le plus convenable, dans tout le parcours, pour éviter le plus possible d'introduire des eaux chargées de matières en suspension et susceptibles de créer des ensablements dans le canal.

Toutefois, dans notre esprit, la cote 23^{m}00 n'est pas définitive. Au bout d'un certain temps, les digues et berges du canal s'étancheraient par colmatage ou par tassement, et permettraient de retenir une hauteur d'eau plus considérable ; d'un autre côté, les propriétaires des prairies riveraines, dont les plus basses sont aux environs de la cote 24^{m}50, ne tarderaient pas à s'apercevoir que leurs propriétés, soustraites à l'influence des crues de la Loire par les digues mêmes du canal, mieux asséchées par l'écoulement constant des étiers, que leurs propriétés, disons-nous, pour lesquelles aujourd'hui la création du canal, avec plan d'eau à la cote 23^{m}00, paraîtra peut-être à quelques-uns un danger permanent d'inondation, recueilleraient un avantage considérable du relèvement de ce plan d'eau de 1^{m}00, soit à la cote 24^m00 ; ce relèvement leur assurerait encore un asséchement suffi-sant en hiver, et des moyens précieux d'irrigation en été. On obtiendrait ainsi, au bénéfice de tous les intérêts, et sans bourse délier, une augmentation de pro-fondeur qui porterait à 7^m00 le tirant d'eau du canal. Si l'on voulait aller plus loin et atteindre 8^m00 ou la cote 25^m00, suivant le *desideratum* d'un certain nombre de personnes qui pensent cette profondeur seule capable d'assurer l'avenir du port de Nantes, il faudrait aviser à d'autres moyens d'asséchement des prai-ries, dont nous parlerons plus loin ; mais, disons-le tout de suite, cette application ne serait possible que dans un avenir assez éloigné, et au cas d'une exécution com-plète du canal de Nantes à Saint-Nazaire, la profondeur de 8^m00 n'étant en rap-port, ni avec l'état actuel du fleuve dans la partie maritime, ni avec les améliora-tions réalisables dans la partie fluviale.

Dans l'hypothèse de la construction d'un canal complet entre Nantes et la mer, et en tenant compte des conditions mêmes qui nous ont déterminé à adopter la fixation du plan d'eau à la cote 23^m00 et du plafond à la cote 17^m00, d'une part, et de la nécessité de fournir aux eaux des étiers une évacuation facile et suffi-sante à l'asséchement des prairies, d'autre part, nous avons été conduit, dès le principe, à reconnaître la nécessité de diviser le canal en trois sections pouvant former un seul bief, mais pouvant aussi être isolées l'une de l'autre à volonté.

Il était nécessaire, en effet, d'établir une communication avec le canal pour l'établissement d'Indret et le port du Pellerin ; condamner, d'un autre côté, la por-tion de la navigation à laquelle suffisent les profondeurs actuellement existantes dans la partie endiguée du fleuve, à se servir, dans toute son étendue, d'une voie artificielle où la circulation ne pourra se faire qu'à l'aide du remorquage ou du touage, c'eût été nuire au développement de cette petite navigation, qui demande à être exonérée le plus possible des frais de ce remorquage ou de ce touage : c'eût été nuire aux intérêts du port de Nantes ; enfin, l'évacuation directe à la Loire du trop plein des eaux des prairies de Basse-Indre, pour éviter de créer dans toute l'étendue du canal des courants préjudiciables à la marche rapide des bâti-ments engagés sur son parcours, en même temps que l'établissement en aval de Nantes de moyens de communication des îles avec les prairies situées sur la rive droite de la nouvelle voie, étaient encore des nécessités de la question.

Ces diverses considérations commandaient la création, en amont de l'extrémité des endiguements, d'une entrée en Loire, dont la communication libre avec la rivière ne pouvait être assurée qu'avec l'addition, en aval comme en amont, de portes de garde permettant de maintenir le plan d'eau du canal à son niveau normal, pendant toute la durée de cette communication. De là, l'obligation d'une séparation de la section d'amont d'avec le restant du canal : nous verrons plus loin quelles autres considérations nous ont amené à choisir l'aval des rochers de Couëron, pour le point même de cette séparation.

Des motifs analogues, mais d'un intérêt encore bien plus évident, conduisaient à chercher un nouveau point de communication avec le fleuve, vers les abords de Donges et Paimbœuf. Sous peine de déshériter complétement le port de Paimbœuf et de le ruiner de la manière la plus irrémissible, sous peine de nuire à la navigation maritime qui peut remonter en grande partie, en l'état actuel des choses, jusqu'à la hauteur des deux localités dont nous venons de parler, en l'empêchant de profiter de la voie naturelle qui lui est ouverte, pour prendre une voie artificielle généralement plus onéreuse, il faudrait permettre aux bâtiments dont le tirant d'eau leur donnerait cette facilité, de n'entrer en canal qu'en dehors de la partie maritime de la Loire. D'un autre côté, les prairies basses présentent, entre Couëron et Donges, une étendue considérable, leurs étiers sont nombreux et déversent une grande quantité d'eau à laquelle il faut ouvrir une voie d'écoulement en Loire, en amont de ce dernier point ; à défaut d'ouverture de cette voie, on se trouverait dans l'alternative, ou de créer dans le canal un trop-plein dont le déversement, à grande distance, occasionnerait un courant constant d'une intensité suffisante pour arrêter la navigation à la remonte, ou s'imposer l'obligation de dépenses vraiment colossales pour renvoyer directement les eaux des étiers en aval de Donges, en déplaçant le chemin de fer et construisant à travers les rochers sur lesquels est bâti ce village, cette rigole de dérivation dont la conception a formé l'une des plus graves objections au projet de M. Radiguel ; les étiers qui nous occupent sont d'ailleurs fréquentés pendant certaines saisons par une petite navigation spéciale, qui a besoin de communiquer avec la Loire et avec les nombreuses et importantes îles parsemées dans le lit de ce fleuve.

Abstraction faite, en conséquence, des conclusions auxquelles nous sommes arrivé à la fin du chapitre précédent de notre compte-rendu, un canal de Nantes à la mer, établi sur la rive droite du fleuve, doit être forcément divisé en trois sections pouvant être rendues complétement indépendantes, mais pouvant aussi, dans l'intérêt des facilités de la navigation, rester en communication sans aucune interruption. Si, au contraire, nous tenons compte de cette conclusion que l'intérêt actuel des communications entre le port de Nantes et la mer, vu l'état acquis ou susceptible de l'être pour les profondeurs de la Loire, ne demande, pour le moment, que la création d'un canal entre l'extrémité des digues et les abords de Donges ou de Paimbœuf, cette division est plus forcée encore ; il ne s'agirait plus que d'établir la section intermédiaire reconnue seule nécessaire, de façon à permettre de la raccorder avec les sections d'amont et d'aval, si les éventualités de l'avenir conduisaient à leur exécution, sans que ce fractionnement de l'exécution complète pût entraîner à un surcroît de dépense appréciable.

Avant d'entrer dans le détail d'établissement des trois sections du canal de la rive droite, il convient d'en terminer avec les dispositions qui leur sont communes en tout ou en partie et de faire connaître sommairement les différents types de sections auxquels nous nous sommes arrêté.

La nature variable des terrains et du sous-sol que nous avons rencontrés, constatée du reste par des sondages très-rapprochés et très-nombreux, dans le détail desquels nous ne saurions entrer sans allonger d'une manière exagérée notre compte-rendu, nous a conduit à adopter une variété assez grande de types qui n'ont de commun que la largeur au plafond fixée partout à 30ᵐ00; cette largeur nous a paru strictement nécessaire pour la rencontre de deux navires marchant en sens inverse ; elle est en rapport avec la largeur admise dans la construction des derniers canaux de grande navigation exécutés ou en cours d'exécution. Les divers types, au nombre de dix, sont reproduits sur une feuille de dessin spéciale (feuille n° 4), mais peuvent se résumer en trois groupes principaux.

Dans les parties où le terrain se trouve être du sable à peu près pur, perméable et affouillable (types A, B, C, I), les talus sont supposés établis, par dragages, à 3 de base pour 1 de hauteur, et ces talus, comme le plafond lui-même, sont défendus par un enrochement de 1ᵐ00 d'épaisseur jusqu'à la cote 23ᵐ00, surmonté d'un perré de 0ᵐ35 pour les parties supérieures ; la largeur au plan d'eau (cote 23ᵐ00) est ainsi de 66ᵐ00.

Dans les parties de sable mélangé de vase, tel qu'il s'en rencontre dans le lit même du fleuve, à partir de l'aval de Couëron, les talus sont supposés à 4 de base pour 1 de hauteur, sans enrochements (types D et J), donnant 78ᵐ00 de largeur au plan d'eau.

Dans les terrains de sable vaseux compact, de vase ferme, ou de bonne terre (types E, F), les talus sont calculés à 3 de base pour 1 de hauteur, et la largeur du plan d'eau à 66ᵐ00.

Dans les terrains de rochers (type G), les talus ne sont portés qu'à 1/2 de base pour 1 de hauteur, ne donnant que 36ᵐ00 au plan d'eau.

Enfin, dans les terrains de vase molle, cas heureusement très-rare, les talus sont calculés (type H) à 5 de base pour 1 de hauteur et supposés revêtus, comme le plafond, d'un enrochement de 1ᵐ00 d'épaisseur : la largeur au plan d'eau, pour ces parties exceptionnelles, est donc de 90ᵐ00.

La largeur moyenne au plan d'eau est en conséquence de 70ᵐ00 à 75ᵐ00 pour 6ᵐ00 de tirant d'eau ; elle serait de 75ᵐ00 à 80ᵐ00, si le tirant d'eau était porté à 7ᵐ00 (1).

(1) En Hollande, le canal de Voorn, qui sert de communication exclusive pour les grands navires entre le port de Rotterdam et la mer, a une profondeur d'eau de 5ᵐ40 (avant 1854 elle n'était que de 5ᵐ10), avec une largeur de 9ᵐ60 environ au plafond, et 34ᵐ00 au plan d'eau ; le canal de Noord Holland, de 78ᵏ05 de longueur,

Nous entrerons dans des détails plus circonstanciés, particulièrement en ce qui concerne les digues de défense, à l'occasion du tracé des différentes sections.

SECTION INTERMÉDIAIRE. Tout ce que nous avons dit précédemment justifie, nous le pensons, l'importance particulière qui s'attache à la section intermédiaire, et, conséquemment, l'ordre de priorité que nous lui donnons dans notre exposé.

L'entrée en Loire ou l'origine de cette section, en amont, est fixée immédiatement à l'aval des rochers de Couëron, et la sortie, à 3 kilomètres environ en amont de Donges, en face de la petite ferme de la Jalais : sa longueur totale est d'environ 27,900 mètres.

Entrée de Couëron. Le choix du point d'origine ou d'entrée en Loire est facile à justifier. Il a été placé au seul point assez voisin de l'extrémité des digues qui permît de donner à l'écluse d'entrée une direction oblique au courant et susceptible de permettre l'évitage aux bâtiments, pour l'entrée et pour la sortie, au seul point où les forces naturelles entretiennent une fosse à des profondeurs voisines de la cote 20^m00. Aucun creux de ce genre n'existe sur la rive droite, ni en amont, ni en aval ; le terrain en amont offre des profondeurs indéfinies de sables sans consistance, à l'exception du rocher même de Couëron qui est tellement à pic qu'il n'est possible d'y asseoir aucun ouvrage ; en aval, nous nous serions trouvés dans la partie où les sables viennent s'accumuler par l'effet du double coude que forment les digues, entre Couëron et le Pellerin.

Les ouvrages de l'entrée consistent en une écluse à sas précédée d'un évasement d'évitage, et suivie d'un bassin de garage formant tête amont de la section du canal. Cette entrée sert de pertuis d'alimentation, à l'aide des eaux mêmes de la Loire, suffisamment propres à Couëron pour ne pas laisser craindre de grands dépôts de sable dans le canal.

L'écluse, à sas et à double paire de portes, de 17^m00 de largeur, comme toutes les écluses projetées, pour permettre l'accès aux plus forts navires à voile ou à hélice et aux steamers à roues de moyenne dimension, a une longueur de sas de

seule voie de communication actuelle entre le port d'Amsterdam et la mer, a une profondeur d'eau de 5^m66, qu'on parle de porter à 6^m00, avec des largeurs de 9^m40 au plafond, et 37^m67 au plan d'eau. Le canal de Zuyd-Beveland, récemment construit entre les deux branches de l'Escaut, est dans des conditions analogues. Le nouveau canal de l'IJ, destiné à mettre directement Amsterdam en communication avec la mer, par le golfe de l'IJ et l'isthme de la Hollande (Holland op zyn smalst) et qui est en cours de construction, est projeté à 7^m00 de profondeur (on craint que cette profondeur ne doive être réduite à 6^m50 et peut-être à 6^m00), avec des largeurs de 27^m00 au plafond et 60^m00 au plan d'eau ; cette dernière largeur étant portée à 100^m00 sur une faible longueur au débouché du canal à la mer.

En France, le canal Saint-Louis, en cours d'exécution vers l'embouchure du Rhône, doit avoir 6^m00 de profondeur d'eau, 30^m00 de largeur au plafond, et 60^m00 de largeur au plan d'eau.

Enfin, le canal de Suez, dont la profondeur maxima sera de 8^m00, aura 22^m00 de largeur au plafond, avec une largeur variable au plan d'eau, 60^m00 dans les sables purs, 102^m00 dans les terrains de vase et d'argile.

85ᵐ 00 de busc en busc. Le busc vers le canal est à la côte 17ᵐ 00 du plafond ; celui vers la Loire à la côte 18ᵐ 50, que nous considérons comme l'extrême limite des approfondissements réalisables dans le lit du fleuve ; et qui donne d'ailleurs 5ᵐ 85 de tirant d'eau, en hautes mers de mortes eaux. L'ouvrage est fondé sur un radier général en béton recouvert de maçonnerie.

Les musoirs d'entrée, dans l'alignement de la digue, seraient fondés sur pilotis et raccordés aux murs en retour de l'écluse par des talus revêtus d'enrochements et d'un perré dans le haut.

Le bassin de garage, de 150ᵐ 00 de largeur sur 300ᵐ 00 de longueur, serait bordé par des talus de même nature et le plafond en serait garni d'une couche d'enrochements de 1ᵐ 00 d'épaisseur, dans la crainte, lors des crues, de siphonnements qui pourraient se produire par-dessous la digue et ensabler l'entrée du canal.

A la sortie du bassin de garage, le tracé du canal passe entre la rive droite et l'île de la Liberté ou île Neuve de Couëron (feuille n° 2), dont la tête sert d'appui à la digue de défense de l'entrée ; il longe cette même rive en empruntant le lit du fleuve, sur 15 kilomètres de longueur environ, et en passant au nord des îles Thérèse, Motte-Binet, Binet et Calotte ; il coupe en écharpe l'île de la Nation pour éviter des pointes de rocher existantes au-dessus de la côte 17ᵐ 00 entre cette île et la rive, et rentre dans la prairie à l'étier de Cordemais. Cette disposition a pour effet de profiter du lit de la Loire, dont le fond est composé d'un sable vaseux assez consistant, afin d'éviter la traversée des marais de Saint-Étienne-de-Montluc où le sous-sol est composé de vases molles, incapables de supporter le poids des digues. Le canal est séparé de la Loire par de fortes digues, joignant entre elles les îles de la Liberté, Thérèse, Motte-Binet, Binet, Calotte, de la Nation, et réunissant celle-ci à la roche de Bouée. Ces digues, construites avec les déblais et arrasées partout à 1ᵐ 00 en contre-haut des plus hautes crues, avec 10ᵐ 00 de largeur en couronne, présentent des talus de 3ᵐ 00 de base pour 2ᵐ 00 de hauteur ; leur pied est défendu par de forts prismes d'enrochements supposés noyés de 2ᵐ 00 dans le sol, ayant 3ᵐ 00 de largeur à la partie supérieure, superposés du côté de la Loire jusqu'au niveau des hautes mers, et du côté du canal jusqu'à la côte 23ᵐ 00, et surmontés d'un perré de 0ᵐ 50 d'épaisseur ; elles sont encore consolidées intérieurement par l'excédant des déblais déposé en cavalier contre la digue et arrasés à la côte 25ᵐ 50 ; le pied de ces cavaliers est écarté à 30ᵐ 00 de la crête du talus du canal, dans les quelques parties où la compressibilité du terrain peut inspirer quelques inquiétudes : leur superficie constituerait d'ailleurs une étendue considérable de terrains créés et aliénables, dont la valeur viendrait en compensation des dépenses. Un chemin de halage est établi sur la rive droite, et sa continuité est assurée par des passerelles en bois construites sur les étiers, qui débouchent tous directement dans le canal ; enfin les communications entre les deux rives sont établies, au droit de Port-Launay, au moyen d'un pont flottant dans le système de ceux établis sur les canaux de Hollande, et à Cordemais, au moyen d'un bac.

Pour dégager la partie aval du canal du trop-plein des eaux provenant, soit des étiers, soit des filtrations, et que la diminution de largeur du canal ne permettrait pas de faire écouler par les ouvrages de sortie de la section, nous avons pensé qu'il était indispensable de construire un déversoir régulateur, à l'entrée même du canal dans les prairies : les rochers de Bouée nous permettaient de l'établir dans des conditions faciles et très-économiques. Ce déversoir est conçu dans un système analogue à celui qui a été approuvé pour la prise d'eau du bassin de Penhouet, à Saint-Nazaire, et offre une largeur linéaire libre de 40 mètres, en huit passages fermés par des vannes dans les deux sens. Il peut être construit préalablement à toute exécution des digues, et sera appelé, par là même, à faciliter singulièrement leur fermeture, et à régler ensuite le plan d'eau dans le bassin ainsi créé, pour l'exécution du dragage de la cuvette.

Immédiatement à l'aval du déversoir, débouche, perpendiculairement à l'axe du canal, une petite écluse à sas de 6^{m}00 de largeur et 30^{m}00 de busc en busc, à doubles paires de portes busquant dans les deux sens, pour assurer la communication avec la Loire aux bateaux circulant sur les étiers (1).

A partir de l'entrée en prairies, à Cordemais, jusqu'à la sortie en Loire, à la Jalais, sur 12 kilomètres environ, le canal longe la rive du fleuve en la serrant d'aussi près que possible, évitant les points bas en terrain ordinaire et les recherchant en terrain de rocher, passant au nord des villages de Rohars et de Laveau, puis entre la garenne de Laveau et la Fontaine ; il débouche enfin au pied du coteau situé en amont du canal de Martigné, au kilomètre 98 du barrage de la Loire.

Un pont flottant est établi à Rohars, un simple bac à la garenne de Laveau, pour le village de la Fontaine et le service des carrières, et un pont tournant, de

_____

(1) Nous avons indiqué dans une variante du plan la disposition qu'il conviendrait d'adopter, pour le cas où, dans un avenir quelconque, on voudrait relever le plan d'eau du canal à la cote 25^{m}00. Il faudrait, dans cette hypothèse, établir un canal de dérivation des étiers, suivant le thalweg des prairies, et le faire déboucher en face de la petite écluse, en maintenant le niveau du canal à l'aide de portes de garde, manœuvrées à chaque fois qu'il deviendrait nécessaire d'écouler les étiers, à mer basse. Il s'ensuivrait la création d'un bassin octogonal présentant, sur le prolongement d'un diamètre, deux écluses à sas dans la direction du canal des étiers, et, sur le prolongement du diamètre perpendiculaire, les deux écluses de garde du canal. Tous ces ouvrages pourraient être établis sur le rocher, d'après les dispositions indiquées, au moyen d'une déviation du canal maritime et sans interrompre la navigation ; le tracé actuellement proposé contourne avec soin le plateau rocheux, dans le double but d'assurer l'avenir et d'éviter dans le présent des déblais coûteux. Cette déviation, non compris le canal de dérivation des étiers, entraînerait à une dépense de 2,500,000 francs : le canal de dérivation lui-même pourrait être estimé à 1 ou 2 millions.

20^m00 d'ouverture, avec culées fondées sur le rocher, assure la communication à Laveau, sur la route départementale n° 11.

Ce tracé ne rencontre que des terrains argileux, consistants et imperméables, ou des rochers dont l'extraction pourra se faire à sec, avec des épuisements, sans difficultés ou frais considérables. Un seul point délicat se présente en aval de la garenne de Laveau, dans les prairies de Mareil, où se trouve un sous-sol de vases compressibles recouvert de vase ferme, sur 2 kilomètres environ de longueur, qui nécessite l'adoption du profil en travers type H (feuille n° 4). Dans ces parties, les remblais de la digue, arrasés, comme sur tout le parcours où l'influence des crues cesse de se faire sentir, à la cote 28^m00, soit 1^m50 en contre-haut des plus hautes marées, n'atteignent qu'une hauteur maxima de 2^m00, et sont écartés de 10^m00 de la crête du talus du canal. La digue sera d'ailleurs toujours défendue, du côté du fleuve, par des prismes d'enrochements, disposés comme il a été dit plus haut.

Le halage sera assuré sur la rive droite du canal, dans toute sa longueur, au niveau du terrain naturel, à la cote 26^m00.

Loire, à la Jalais.

Le point de sortie en Loire a été déterminé par les deux conditions suivantes : 1° établir les ouvrages économiquement sur le rocher ; 2° déboucher dans la grande fosse donnant 5 à 7^m00 d'eau à basse mer, située en amont de Donges, par laquelle passe le grand chenal du nord, fosse qui constitue un mouillage d'attente suffisant, et permettra d'abriter l'entrée, au besoin, contre les vents de Sud-Ouest.

Les ouvrages de la sortie comprennent : 1° un bassin d'évitement carré, à pans coupés, de 160^m00 en longueur et en largeur communiquant avec le canal par une écluse de garde à portes busquées dans les deux sens, de 17^m00 de largeur, et avec la Loire par une écluse à sas servant aussi d'écluse de chasse, de 85^m00 de longueur de busc en busc (dans le cas de prolongement du canal vers Saint-Nazaire, une deuxième écluse de garde serait établie, en face de la première, pour fermer la section d'aval) ; 2° deux jetées donnant 100^m00 d'ouverture et construites, celle d'amont en charpente avec enrochements, et celle d'aval en maçonnerie fondée sur puits descendus jusqu'au rocher, toutes deux à claire-voie, pour apporter le moins de perturbation possible au courant littoral ; 3° un bassin de dévasement et de dépôt pouvant servir à chasser dans l'intérieur de l'écluse à sas, et ayant pour but principal d'emmagasiner et laisser déposer les eaux destinées aux opérations de sassement, de manière à introduire le moins possible d'eaux troubles dans le canal ; 4° une jetée en maçonnerie construite, si le besoin s'en faisait sentir, sur les rochers qui apparaissent au sud-ouest de l'entrée, pour la couvrir des vents du large. Dans le cas éventuel d'une surélévation du plan d'eau à la cote 25^m00 et de dérivation des étiers, l'écoulement du canal de dérivation et la navigation de ces étiers seraient assurés par une petite écluse à sas établie dans les conditions de celles de Cordemais.

Toutes les écluses sont fondées directement sur le rocher, recouvert d'un léger radier en maçonnerie, pour le cas où sa constitution ne permettrait pas de se dispenser de ce revêtement.

Estimation des dépenses. — L'ensemble des dépenses de cette section intermédiaire est évalué à 22,000,000 francs, ou 785,700 francs par kilomètre, répartis comme suit :

Terrassements.		15,800,000 fr.
Enrochements et empierrements		610,000
Ouvrages d'art : Couëron	1,640,000 fr.	
Cordemais	360,000	4,390,000
Laveau	130,000	
La Jalais	2,110,000	
Bacs, ponts flottants, etc		140,000
Indemnités de terrains		600,000
Somme à valoir sur l'ensemble		460,000
Total pareil.		22,000,000 fr.

Remarquons en passant que l'estimation de chaque ouvrage portant avec elle sa somme à valoir, la somme à valoir totale s'élève, en réalité, à près de 3 millions de francs.

SECTION D'AMONT. — La section d'amont a 12,400 mètres de longueur et son origine est prise en aval du port de Nantes, à l'angle des quais Sainte-Anne et Saint-Louis (feuille n° 1).

Entrée à Chantenay. — Les ouvrages comprennent une gare d'entrée spacieuse, le long de ce dernier quai, une écluse à sas de 85^m00 de longueur, de busc en busc, et munie de portes busquées dans les deux sens ; et un vaste garage empruntant toute l'étendue actuelle du canal Derrien, à l'aval de la station du chemin de fer. L'emplacement de l'écluse a été déterminé par la condition de l'établir sur un plateau de rochers qui surgit à la cote 13^m50, vers l'extrémité aval du quai Saint-Louis. La fondation en béton, dans le même système que pour l'écluse de Couëron, permettra d'y appuyer, après son établissement, les digues et batardeaux en argile nécessaires pour l'exécution des maçonneries supérieures.

La direction de la gare d'entrée permet une communication directe et facile avec le port de Nantes (1), et son origine est peu éloignée des profondeurs où l'on trouve la cote 17ᵐ00 : le chenal d'accès sera donc très-court, et facile à entretenir par des dragages.

A la sortie de la gare de Chantenay, le canal s'engage dans la prairie derrière la digue actuelle, jusqu'à l'anse de Roche-Maurice qu'il emprunte; une digue le sépare de la Loire sur ce point; le projet restitue au fleuve sa largeur, au moyen d'un déblai de la rive nord de l'île Chéviré, et vient couper le rocher de Roche-Maurice, un peu au nord du village.

Il n'est pas douteux qu'en raison de la nature du sol de sable affouillable et perméable, que l'on rencontre exclusivement dans ce parcours jusqu'au soulèvement de Roche-Maurice, l'exécution de ce tronçon ne présente des difficultés; mais elles ne nous paraissent pas insurmontables. Dans toute la partie en amont de l'usine de l'Abbaye à Chantenay et dans l'anse de Roche-Maurice, le plafond serait garni d'une couche d'argile, de 1ᵐ00 d'épaisseur, sous un enrochement d'épaisseur égale, et les remblais de la digue seraient formés exclusivement d'argile. Entre l'usine de l'Abbaye et l'anse en question, où le sable est recouvert d'une couche de vase ferme, l'enrochement du plafond et des talus nous paraît devoir suffire.

Néanmoins, comme il pourrait se faire que, lors des crues exceptionnelles, les digues fussent menacées, nous avons prévu l'établissement, à Roche-Maurice, de deux écluses de garde, avec sas intermédiaire, permettant de relever le niveau de l'eau du canal à la hauteur de la crue en amont, et laissant la prairie de Chantenay ouverte à l'inondation, comme cela a lieu aujourd'hui ; la digue n'aurait plus de la sorte aucun effort sensible à supporter et ne servirait qu'à préserver le canal contre l'envahissement des sables. Ces écluses de garde sont établies en pleine roche franche, dans toute leur hauteur, et la dépense de leur construction se réduirait, en réalité, à une somme peu supérieure à celle des portes.

Le halage serait assuré sur la rive droite, comme dans toute l'étendue du canal ; un pont flottant serait établi à l'usine de l'Abbaye à Chantenay, et un simple bac à Roche-Maurice.

De ce point à la garenne de Couëron, le canal se trouve établi en terrain d'argile recouvrant un sous-sol de sable, avec cuvette garnie en enrochements ; il passe derrière les rochers de Haute et Basse-Indre, et à l'abri des digues de

---

(1) On verra, à la fin de ce compte-rendu, les modifications à introduire dans les ouvrages d'entrée du canal, si l'on voulait transformer le port de Nantes en bassin à flot.

la Loire, en aval. Le système de construction est le même que celui décrit ci-dessus. La traversée de la garenne de Couëron et le passage devant ce bourg sont identiquement conçus comme la traversée des abords de Roche-Maurice. Trois ponts flottants sont établis à Haute-Indre, Basse-Indre et Couëron.

Écluses de garde de Couëron. — Un système d'écluses de garde, identiques à celles de Roche-Maurice, est établi à la garenne de Couëron, pour permettre la conservation des digues de défense, au moyen d'un relèvement du plan d'eau au niveau des crues de la Loire.

Raccordement avec la section intermédiaire. — Le raccordement avec la section intermédiaire se fait par simple prolongement des déblais jusques dans le bassin d'évitement de Couëron.

Estimation des dépenses. — L'ensemble des dépenses de la section d'amont est évalué à 23,000,000 fr. ou 1,840,000 francs par kilomètre, répartis comme suit :

Terrassements		9,300,000 fr.
Enrochements et empierrements		2,800,000
Ouvrages d'art :	Chantenay ... 3,750,000 fr.	
	Roche-Maurice ... 700,000	5,100,000
	Couëron ... 650,000	
Bacs, ponts flottants, etc.		60,000
Indemnités de terrains		5,000,000
Somme à valoir sur l'ensemble		740,000
TOTAL pareil		23,000,000 fr.

La somme à valoir totale s'élève en réalité à plus de 3 millions. Le chiffre des indemnités de terrains est relativement énorme, mais il se justifie par la valeur exceptionnelle des propriétés de Chantenay et les indemnités de déplacements d'industrie inévitables dans ce centre ; ces deux causes de dépenses figurent dans l'ensemble pour plus de 2 millions et demi.

SECTION D'AVAL. — La longueur de la section d'aval est de 12,500 mètres, entre le bassin de la Jalais et celui de Méan, à l'embouchure du Brivet (feuille n° 3).

Raccordement avec la section intermédiaire. — Le raccordement avec la section intermédiaire se ferait naturellement par la construction d'une écluse simple, avec portes busquées dans les deux sens, dans la face ouest du bassin de la Jalais.

Le tracé se développe le plus près possible de la rive de la Loire, en restant
toutefois dans les prairies dont le niveau est plus élevé sur la rive que vers
l'intérieur, et passant, à Donges, entre le bourg et le chemin de fer. Une digue,
arrasée à 1ᵐ50 en contre-haut des plus hautes marées, garantit la cuvette du
canal contre leurs atteintes.

Le profil en long montre que ce tracé rencontre très-fréquemment le rocher,
condition inévitable résultant de l'état des lieux ; sur le restant du parcours,
on ne trouve que des terrains de vase compacte, dans lesquels les forages n'ont
indiqué aucune circonstance particulière, propre à créer des difficultés d'exécution
hors des conditions des travaux courants.

Un pont tournant, semblable à celui de Laveau, est établi à Donges, et un
simple bac aux Grandes-Rivières.

Les étiers, dont les eaux sont prises en passant, dans le cas du plan d'eau
à la cote 23ᵐ00 ou 24ᵐ00, seraient dérivés, en cas de surélévation de ce plan
d'eau à 25ᵐ00, et renvoyés de Donges vers la Jalais, et de Donges vers Méan.

Tout l'intérêt de cette section se résume dans son débouché vers la mer, que
nous avons établi à Méan, à l'embouchure même du Brivet. Les difficultés signalées pour la traversée du Brivet, ne sont que trop réelles ; il était impossible
d'ailleurs de songer à faire déverser les eaux de ce ruisseau dans le canal,
en raison : 1° de leur abondance ; 2° du niveau trop bas des seuils par-dessus
lesquelles elles se déversent à la mer ; 3° de la nécessité d'assurer une liberté
complète à la navigation maritime et fluviale du petit port de Méan. La première
idée du projet que nous avons dressé pour la tête du canal, en l'arrêtant en
amont de l'embouchure du Brivet, nous a été suggérée par l'examen du plan
des extensions projetées pour les bassins de Saint-Nazaire.

Les dispositions du bassin d'évitement de 175ᵐ00 de largeur, de l'écluse
d'entrée à sas, de celle de tête du canal, et des jetées, sont calquées sur les
dispositions projetées pour la sortie de la Jalais ; les seules différences sont les
suivantes : 1° les parois du bassin sont bordées de murs de quais ; 2° les écluses,
fondées en plein massif de rocher, n'ont pas de revêtement au radier ; et 3° les
deux jetées sont en maçonnerie fondée sur puits, celle du large étant pleine à partir
du niveau des plus basses mers, celle d'amont, à claire-voie, avec addition par
derrière d'une chambre d'épanouissement des lames, pour assurer le calme à
l'entrée de l'écluse à sas. La direction du chenal est exactement celle que sui-
vent les navires en entrant aujourd'hui dans le petit port actuel de Méan ; elle
vient rencontrer les profondeurs à la cote 17ᵐ00, à l'origine amont de la rade de
Saint-Nazaire, à 200ᵐ00 ou 300ᵐ00 en moyenne de l'extrémité des jetées : le
chenal intérieur doit être creusé sur une faible longueur dans le rocher, avec
facilité d'opérer ce déblai derrière un batardeau ; en dehors des jetées, des

forages exécutés avec soin, et en nombre suffisant, ont prouvé la possibilité de faire tous les déblais à la drague.

Entre le bassin d'évitement du canal et le village de Méan, les contours de l'embouchure du Brivet sont transformés, ainsi que le lit de ce cours d'eau, jusqu'à l'écluse de garde actuelle de Rosé qui se trouve à 4 kilomètres environ en amont de Méan, en un bassin et un vaste réservoir de chasses, pour le nettoyage et l'entretien du chenal. L'écluse de communication avec ce chenal est à la fois une écluse de chasses et une écluse de navigation à sas, de 8^{m}00 de largeur, dont les buscs sont arrasés à la cote 20^{m}60 correspondante aux basses mers de vives eaux ; ces dispositions permettent l'accès du bassin de Méan aux navires de moyenne dimension, soit pour les besoins de la navigation proprement dite, soit pour ceux de la construction maritime locale qui est assez active. Les constructeurs trouveront des moyens assurés d'avenir dans les vastes cales établies sur la rive ouest du bassin. Des aqueducs de chasses permettront de faire servir, en outre, ce réservoir au curage du bassin d'évitement du canal maritime, à mer basse, et à l'alimentation du sas de l'écluse d'entrée, avec les eaux du Brivet.

La construction de l'écluse de garde est commandée par les besoins de ce curage, aussi bien que par la nécessité d'utiliser le bassin d'évitement et les eaux du canal maritime lui-même pour les chasses d'entretien du chenal extérieur, en même temps que par celle de mettre, dans des cas exceptionnels, le bassin en communication directe avec la mer, au plein, pour l'entrée de quelques grands navires de plus de 85^m de longueur.

Comme on le voit, par ces dispositions, la communication du canal avec la mer est assurée : sa liaison avec Saint-Nazaire l'est aussi, par l'extérieur du petit port de Méan et par la rade ; mais, lorsque le dernier bassin de Saint-Nazaire, désigné dans le projet d'ensemble des améliorations de ce port, sous le nom de bassin de Méan, sera exécuté, une très-légère modification des dispositions des écluses prévues pour le mettre en communication avec l'embouchure du Brivet, rendra cette liaison tout à fait complète. Pour la réaliser avant même la construction du bassin, il suffirait de construire les écluses qui, étant fondées sur le rocher, ne peuvent entraîner à une grande dépense, et de creuser un tronçon de canal dans l'axe des bassins projetés en amont du bassin de Penhouet (1).

<table><tr><td>Estimation des dépenses.</td><td>L'ensemble des dépenses de la section d'aval est évaluée à 17,000,000 fr., ou 1,360,000 fr. par kilomètre, répartis comme suit :</td></tr></table>

______

(1) La dépense de ce tronçon de canal, non compris les écluses, bien entendu, n'est que de 1,000,000 fr. au maximum : elle n'est pas comprise dans l'estimation de la section.

Terrassements....................................	10,500,000 fr.
Enrochements et empierrements..................	215,000
Ouvrages d'art : { La Jalais............. 340,000 fr. / Donges............. 120,000 / Méan............. 4,516,000 }	4,976,000
Bacs, ponts flottants, etc.....................	9,000
Indemnités de terrains........................	400,000
Somme à valoir sur l'ensemble.................	900,000
TOTAL pareil...........	17,000,000 fr.

La somme à valoir totale s'élève, en réalité à près de 3 millions de francs.

En résumé, la section d'amont étant évaluée à.........	23,000,000 fr.
la section intermédiaire à.................	22,000,000
la section d'aval à.....................	17,000,000
il s'ensuit que l'exécution totale du canal de la rive droite entraînerait à une dépense de......................	62,000,000 fr.

pour 52^{k}8, ou en moyenne 1,174,200 francs par kilomètre;

Mais que si, comme l'indiquent toutes les probabilités, on pouvait se borner à la section intermédiaire, la dépense ne serait que de.. 22,000,000 fr.

Le nouveau canal d'Amsterdam à la mer par l'IJ, en construction, aura une longueur d'environ 25 kilomètres; il est estimé à 27 millions de florins (56,700,000 fr.), y compris les jetées à la mer, et 9 millions de florins pour les digues de l'IJ. Cette dernière partie des dépenses devant être couverte par la valeur des terrains à conquérir, la dépense nette du canal serait de 18 millions de florins ou 37,800,000 fr., soit environ 1,512,000 fr. par kilomètre en moyenne.

CHAPITRE IV.

Étude d'un canal sur la rive gauche.

Les développements dans lesquels nous sommes entré dans le chapitre précédent facilitent considérablement notre tâche, en ce qui concerne l'étude d'un canal sur la rive gauche. Nous suivrons, en conséquence, dans l'exposé qui la concerne, le même ordre que pour l'autre rive, en éliminant toutes les considérations que nous n'aurions qu'à reproduire textuellement.

Nous dirons quelques mots, en commençant, des divers projets présentés antérieurement.

Projet du marquis de Brie-Serrant. Le plus ancien en date est celui du canal de Pornic de M. le marquis de Brie-Serrant : il suffira, à son sujet, de faire remarquer que le port de Pornic est situé dans la baie de Bourgneuf, qui s'alluvionne tout entière de plus en plus, tous les jours, par le déversement des sables de la Loire au delà de la pointe de Mindin; que conséquemment la sortie du canal à la mer serait obstruée dans un avenir prochain, sans aucune chance possible de dégagement; qu'enfin le fond du chenal et de la rade de Pornic est constitué par un banc de roches dures, asséchant au niveau des basses mers de vives eaux ordinaires, au-dessous duquel il faudrait descendre de $3^m 20$ environ, pour obtenir un tirant d'eau de $6^m 00$, en hautes mers de mortes eaux.

Projet du Cercle maritime de Nantes. Ce projet consiste uniquement à créer, au moyen de la réunion, par des digues, des îles longeant la rive gauche de la Loire, entre Nantes et Paimbœuf, un canal à eaux courantes soumis aux mêmes dénivellations que le fleuve lui-même, et approfondi par des dragages. L'entretien d'un pareil bras de rivière, sur la côte où les alluvions sableuses s'amoncellent de préférence, paraît *à priori* tout à fait inadmissible; la circulation, restreinte à une faible largeur, y serait absolument impossible, en raison des courants violents qui s'y produiraient alternativement dans les deux sens; les localités de la rive gauche seraient complétement séparées de l'autre rive et du lit de la Loire; telles sont les principales objections qu'on peut faire à ce projet, qui n'a jamais revêtu d'ailleurs une forme bien définie.

Projet Lorois. Le projet présenté, en 1851, par M. Lorois paraît, à première vue, rentrer davantage dans les idées admises généralement pour l'établissement d'un canal de navigation maritime. La question de l'évaluation des dépenses seule y est évidemment très-incomplétement étudiée, et cette évaluation est beaucoup au-dessous de la réalité. Le projet a plus d'un rapport avec celui que nous avons dressé, et dont la discussion complétera ce que nous pourrions avoir à dire de celui de M. Lorois.

Dispositions générales du projet résultant des études. — Ces dispositions générales sont identiques à celles du projet de la rive droite. Le niveau du plan d'eau normal est établi de même, par les mêmes raisons, à la cote 23ᵐ00 ; la division en trois sections est motivée par les mêmes considérations, sauf en ce qui concerne Indret qui serait desservi directement; les types des profils en travers sont identiquement les mêmes.

Nous pourrons donc aborder immédiatement l'exposé des détails relatifs à chacune des trois sections.

SECTION INTERMÉDIAIRE. — Nous commencerons, comme pour la rive droite, par la section intermédiaire, en raison de l'intérêt qui s'attache plus spécialement et plus actuellement à cette section.

L'entrée ou l'origine de la section, vers l'amont, est fixée en aval du port actuel du Pellerin, vers Bois-Tillac, et la sortie, en tête du bras de Carnet, immédiatement en aval du barrage de la Maréchale. Sa longueur est de 16,700 mètres environ (feuille n° 2).

Entrée du Pellerin. — L'existence actuelle devant le Pellerin de grands fonds qui constituent une véritable rade, et la nécessité de conserver à cette localité la navigation qui la fréquente, étaient déjà des motifs déterminants pour y fixer l'entrée du canal. Nulle part ailleurs, en effet, dans une position suffisamment rapprochée de l'extrémité des disques, on ne rencontre des profondeurs aussi grandes, naturellement entretenues. D'un autre côté, la situation topographique du coteau compris entre la Thélindière et la Martinière ne permettait pas de les contourner, sans s'écarter considérablement du fleuve, et sans franchir des points d'une altitude très-élevée, dont la traversée eût entraîné à des déblais énormes; tous les auteurs de projets sur la rive gauche l'ont compris, et tous ont fait passer leur canal devant le Pellerin. Les ouvrages de l'entrée consistent en une écluse à sas, des mêmes dimensions que celles du canal de rive droite, suivie d'un bassin de garage de 300ᵐ00 de longueur sur 100ᵐ00 environ de largeur. La déclivité abrupte du coteau ne permettant pas de s'y enfoncer comme à la garenne de Couëron, il a fallu se restreindre à la plus faible largeur possible et ne pas dépasser pour la digue d'enceinte, la saillie de la digue actuelle de Bois-Tillac qui lui servirait de soutien dans le pied. La cuvette et les talus du bassin, dans toutes les parties en remblai, seraient garnis d'un corroi épais d'argile revêtu d'enrochements; le reste serait en déblai de rocher.

L'emplacement de l'écluse a été déterminé par la nécessité de la fonder sur le rocher, directement pour le bajoyer sud, comme dans les ouvrages de la Jalais, et au moyen d'une épaisse couche de béton pour le bajoyer nord, comme pour l'écluse de Chantenay, mais le plus près possible des grands fonds naturels. Plus en aval, l'entrée eût été trop éloignée de ces fonds et trop difficile à entretenir; plus en amont, le rocher fuit avec une déclivité très-rapide et ne se trouve recouvert que par une couche de sable très-meuble, qui rendrait la fondation d'une écluse extrêmement difficile.

L'écluse est couverte par un môle en maçonnerie prolongeant son bajoyer nord, et contre lequel, en cas d'exécution de la section d'amont, viendrait s'appuyer la digue séparant le canal de la Loire, à l'extrémité de cette section. Ce môle serait prolongé jusqu'au point où la profondeur de la fosse du Pellerin atteint la cote 17ᵐ00, admise pour le plafond du canal. La gare d'entrée ainsi constituée ne pourrait être entretenue à profondeur que par un dragage fréquent, et c'est un des inconvénients de la disposition projetée; mais les conditions d'accessibilité nécessaires à l'entrée de cette section du canal, pour une navigation à 6ᵐ00 de tirant d'eau, ne se rencontrent en aucun autre point, entre Nantes et l'extrémité des digues, comme nous l'avons déjà dit plus haut.

Tracé et dispositions générales entre le Pellerin et la Villette.

Une digue réunit la rive droite du bassin de garage à la tête de l'île du Massereau, pour permettre au canal de se développer au pied du coteau de la Martinière, à partir duquel il suit le bras au sud du Massereau et de l'île de Bois, écorne la prairie de rive gauche, à la queue de cette dernière île jusqu'en face de l'étier de Vue, où il s'engage de nouveau en rivière. Sur ce point, la digue doit s'écarter notablement de la rive pour permettre à l'axe du canal d'éviter les roches affleurant, le long de celle-ci, au-dessus de la cote 17ᵐ00. Elle s'en approche, au contraire, un peu plus loin, à l'amont de l'île Migron, à la Villette, pour permettre l'établissement des ouvrages que nous allons décrire.

Les digues sont partout exactement conçues dans le même système que pour le projet de la rive droite : le chemin de halage est établi sur la rive droite du canal; enfin les communications entre les deux rives sont assurées, à la Martinière et à la Villette, par deux ponts flottants.

Déversoir et écluse de la Villette.

La partie du canal dont il vient d'être question reçoit directement, à la cote 23ᵐ00, le déversement de l'Acheneau et du lac de Grandlieu, par l'étier de Buzay, ainsi que l'étier de Vue et divers étiers secondaires. La grande quantité d'eau amenée par ces émissaires, et la nécessité d'assurer la navigation qui les fréquente, commande la création d'un déversoir et d'une écluse à sas de petite dimension, analogues aux ouvrages prévus sur la rive droite à Cordemais, et que les roches de la Villette nous permettent de projeter dans les mêmes conditions d'économie. Le zéro de l'écluse de Buzay se trouve à la cote 22ᵐ54 : l'écoulement de l'étier correspondant devenant permanent, au lieu d'être intermittent, comme aujourd'hui, ne souffrirait en rien de la fixation du plan d'eau à la cote 23ᵐ00 ; mais il est hors de doute qu'il serait impossible de relever ce plan d'eau à la cote 24ᵐ00, comme sur l'autre rive, et, *à fortiori*, à la cote 25ᵐ00.

et dispositions génés entre la Villette et net.

A partir des ouvrages de la Villette, le canal longe la rive de la Loire sans la modifier ; il est pris en entier sur le lit du fleuve, dont il est séparé par une digue qui emprunte l'île Migron sur son parcours, et dont la construction est rendue obligatoire pour éviter les roches qui se rencontrent sur la rive même ; cette digue aboutit à la pointe de la Cruaudais, un peu en amont de la tête de l'île du Petit-Carnet. Le canal traverse cette pointe en ligne droite, se dirigeant vers le chenal actuel de Carnet.

Un pont flottant, à la Roche, sert à établir la communication entre les rives et à faire passer le halage sur la rive gauche du canal.

Les terrains traversés par la section qui nous occupe sont tous perméables, et l'exécution des déblais présenterait de graves embarras, si l'on y rencontrait des têtes de roches supérieures à la cote 17ᵐ00, à cause de la difficulté d'établir des batardeaux pour les extraire, à l'aide d'épuisements. La fermeture des digues serait également une opération délicate, en raison des courants que l'existence de la digue de la Maréchale rend permanents dans le bras emprunté, entre l'île de Bois et celle de Carnet.

Sortie de Carnet.

Le chenal de Carnet, où l'on trouve partout aujourd'hui des profondeurs au-dessous de la cote 17ᵐ00, est indiqué naturellement comme l'extrémité de la section ; et, d'ailleurs, il serait à peu près impossible d'en trouver une autre aux abords de Paimbœuf.

Les ouvrages de cette partie comprendraient un bassin de garage, de 350ᵐ00 environ de longueur sur 180ᵐ00 de largeur, et une écluse d'entrée à sas, dans le système déjà décrit, avec garage d'évitement pour la sortie en Loire, et bassin de dépôt pour les eaux destinées au sassement des navires ; le garage d'évitement serait défendu par deux musoirs en charpente placés dans l'alignement de la rive actuelle. La tête d'amont du bassin de garage posséderait une écluse de garde simple permettant d'isoler le bassin, pour le faire concourir avec le bassin de dépôt aux chasses nécessaires au dévasement de la tête aval de l'écluse, évidemment menacée d'ensablement, en raison des remous qui s'y produiraient.

Les écluses seraient construites dans le système de la grande écluse de Couëron, avec addition, sous la fondation, de pieux de 10^m00 de longueur espacés de 1^m00 d'axe en axe, et dont la tête serait noyée dans le béton, pour parer aux inconvénients de la compressibilité du terrain.

Nous ne saurions dissimuler deux inconvénients assez graves de cette sortie : 1° en flot, le courant est très-violent dans le bras de Carnet, et les navires, venant de l'aval, pourraient quelquefois être exposés à des accidents en s'engageant dans le canal, s'ils n'étaient conduits avec une extrême prudence ; 2° en cas d'un prolongement du canal vers l'aval, qui ne pourrait avoir lieu que par le barrage du bras de Carnet, les ouvrages de cette sortie ne serviraient plus à communiquer avec la Loire et deviendraient inutiles ; mais, nous le répétons, aucune autre position ne paraît possible comme extrémité d'aval de la section intermédiaire.

Estimation des dépenses. L'ensemble des dépenses de cette section intermédiaire est évalué à 18,000,000 fr. ou 1,074,400 fr. par kilomètre, répartis comme suit :

Terrassements		8,500,000 fr.
Enrochements et empierrements		3,100,000
Ouvrages d'art : { Le Pellerin	1,700,000 fr.	
La Villette	580,000	5,430,000
Carnet	3,150,000	
Bacs, ponts flottants, etc.		50,000
Indemnités de terrain		»
Somme à valoir sur l'ensemble		920,000
TOTAL pareil		18,000,000 fr.

La somme à valoir seule s'élève en réalité à près de 3 millions et demi.

Les indemnités de terrain sont compensées par la valeur des terrains aliénables créés entre le canal et la rive gauche : les terrains occupés en dehors du lit du fleuve sont d'ailleurs, de faible superficie.

SECTION D'AMONT.

La section d'amont a 13,600 mètres environ de longueur; elle prend son origine en aval de Trentemoux, à la tête de l'île Cheviré (feuille n° 1).

Entrée de Trentemoux.

L'entrée du canal devait être évidemment fixée en un point aussi rapproché que possible du port de Nantes ; et si l'ensablement permanent de l'extrémité du bras de Pirmil, entre la pointe de l'île Sainte-Anne et Trentemoux, ne permettait pas, *à priori*, de songer à l'établir en amont de ce village, les profondeurs de la rade même de Trentemoux semblaient indiquer l'espace compris entre la digue actuelle et le coteau des Couëts, comme le véritable et naturel emplacement de l'écluse d'entrée et du bassin de garage formant tête de la nouvelle voie navigable. Une considération d'une importance capitale nous a forcé de reculer ces ouvrages de près d'un kilomètre en aval : les ouvrages d'entrée, en effet, comme le canal lui même, doivent être mis à l'abri des inondations par une digue insubmersible qui soustrairait, au moins dans la plupart des cas, à l'inondation, tous les terrains situés au sud du canal. Or, en examinant les lieux, on remarque que, abstraction faite du petit mamelon isolé sur lequel sont bâties les maisons de Trentemoux, la largeur réelle du lit majeur de la Loire, à l'aval de Nantes, par lequel s'écoulent toutes les eaux d'amont, en temps de crue, n'est autre que la distance de un kilomètre environ qui sépare les coteaux de Chantenay de ceux de Rezé et des Couëts ; par suite, en traçant, sur la rive gauche, une ligne distante d'un kilomètre du pied des coteaux de la rive droite jusqu'en face de Roche-Maurice, l'écluse et les ouvrages d'entrée doivent nécessairement se trouver au sud de cette ligne, sous peine de créer à l'écoulement des crues un obstacle suffisant pour causer, dans la ville de Nantes même et en amont, de véritables désastres. Delà, la nécessité de placer l'écluse et le bassin où nous les avons indiqués.

L'écluse est identique à celle de Couëron, sauf la saillie du busc vers la rivière qui est supprimée ; le bassin a 340^m00 de longueur sur 140^m00 de largeur. Le chenal d'accès de la Loire à l'écluse, comme l'écluse elle-même, se trouve occuper l'emplacement du petit bras du fleuve, entre l'île Cheviré et l'île des Chevaliers. Ce chenal, de un kilomètre environ de longueur, devrait être entretenu perpétuellement par des dragages, d'autant plus que, jusqu'à l'origine des digues insubmersibles, il serait pris d'écharpe par l'écoulement des grandes crues ; la déviation du seil de Rezé, que nous avons figurée en amont de Trentemoux, atténuera ces inconvénients pour les petites crues, mais ne pourra y porter remède pour les crues d'inondation. La partie de la Loire, d'un kilomètre environ, qui sépare l'extrémité de ce chenal du port de Nantes proprement dit, présente des profondeurs variant de la cote 18^m40 à la cote 21^m40 ; elle devrait être approfondie et entretenue par le même moyen ; l'expérience seule de la dépense de cet entretien montrerait dans quelles conditions de continuité, eu égard à la hauteur de la Loire, on pourrait maintenir la communication entre le port de Nantes et le canal. Nous ne pouvons d'ailleurs dissimuler combien il serait difficile de sortir du canal ou d'y entrer, en temps de crue, avec un courant de surface, souvent d'une extrême violence, prenant le chenal d'accès en écharpe, et quels accidents pourraient être à craindre, en pareil cas, si on reculait devant l'alternative de supprimer totalement les mouvements d'entrée ou de sortie.

A partir du bassin de Trentemoux, le canal se dirige à travers les bras, alluvionnés depuis Magin, de Chéviré et de Botty, passe derrière le port Lavigne, coupe en écharpe les îles Mindinc, Gazay et Penot, dans la traversée de laquelle nous établissons une vaste gare derrière Indret ; il emprunte le bras derrière l'île Pivin, et vient rejoindre le Pellerin qui se trouve complétement séparé de la Loire par la digue projetée pour clore le canal, entre l'extrémité de la digue actuelle de la Thélindière et la tête de l'écluse d'entrée de la section intermédiaire, sous Bois-Tillac.

Cette écluse se trouve privée de communication avec la Loire, mais elle n'est pas inutile, avec un rôle différent toutefois de celui qui lui serait dévolu en cas d'exécution de la section intermédiaire seule : elle devient une écluse de garde destinée à fonctionner en cas de crue exceptionnelle, comme les écluses prévues sur le canal de la rive droite, à Roche-Maurice et à la garenne de Couëron. La communication du canal avec la Loire se trouve reportée à la Thélindière, comme nous le dirons ci-dessous.

Dans tout le parcours de la section, les terrains traversés sont des sables d'alluvion récente, très-perméables et compressibles, exigeant, par suite, un revêtement complet en enrochements. La roche apparaît en plusieurs points, notamment à Indret, et dans des conditions qui ne permettront pas de l'extraire sans batardeaux artificiels. Les digues seront d'une exécution délicate et nécessitant de grands soins : la sécurité qu'elles offriront ne résultera que de leur grande épaisseur relative ; au Pellerin, leur construction présentera les plus grandes difficultés : les conditions de cette construction seront les mêmes que pour la digue entre Bois-Tillac et la Martinière.

La communication entre les rives sera établie par cinq ponts flottants, à Bouguenais, Port-Lavigne, Rochebalue, la Thélindière et le Pellerin, un bac à Boiseau, et un pont tournant fondé sur le rocher, comme celui de Laveau sur la rive droite, à la chaussée d'Indret. Le halage sera assuré par la rive gauche jusqu'au pont flottant de la Thélindière, où il passera sur la rive droite.

L'emplacement choisi pour la sortie en Loire, sous la Thélindière, se justifie exactement par les mêmes raisons que celui de l'entrée de Couëron, sur le canal de la rive droite : les dispositions du bassin et de l'écluse sont identiques, sauf en ce qui concerne la direction de l'entrée et la largeur, réduite à 13ᵐ 00. Cette réduction s'explique par le tonnage plus restreint des bâtiments appelés à fréquenter l'écluse de la Thélindière ; la direction de l'entrée à revers du courant, ne nous paraît pas une disposition défavorable aux manœuvres de ces navires, soit qu'ils veuillent remonter à Nantes avec le flot, soit qu'ils veuillent entrer dans le canal au moment du jusant ; elle était d'ailleurs commandée par la disposition des lieux.

Estimation des dépenses. L'ensemble des dépenses de la section d'amont est évalué à 21,000,000 fr. ou 1,533,000 fr. en moyenne par kilomètre, répartis comme suit :

Terrassements....................................	10,400,000 fr.
Enrochements et empierrements....................	5,100,000
Ouvrages d'art : Trentemoux........... 2,670,000 fr. Indret.............. 150,000 La Thélindière........ 1,440,000	4,260,000
Bacs, ponts flottants, etc.......................	140,000
Indemnités de terrain...........................	200,000
Somme à valoir sur l'ensemble...................	900,000
TOTAL pareil.........	21,000,000 fr.

La somme à valoir totale s'élève, en réalité, à 4 millions environ. Ce chiffre élevé s'explique par les difficultés d'exécution, et les dragages à faire entre le port de Nantes et le chenal d'accès à Trentemoux.

SECTION D'AVAL. La longueur de la section d'aval est de 16,900 mètres, entre la tête de Carnet et la sortie à Mindin (feuille n° 3).

Raccordement avec la section intermédiaire. Comme nous l'avons indiqué plus haut, le raccordement de la section d'aval avec la section intermédiaire se fera au moyen d'un barrage construit en tête de l'île de Carnet, et dont l'exécution ne pourra avoir lieu qu'après la destruction préalable de la digue de la Maréchale.

La construction de cette section rend malheureusement inutiles les coûteux ouvrages de la sortie de Carnet, établis pour la section intermédiaire ; nous verrons, de plus, que le projet laisse sans communication avec le canal, autre que la petite écluse de la Villette, les bâtiments qui pourraient remonter jusqu'à Paimbœuf; nous n'avons pas cru toutefois devoir nous arrêter à cette considération et prévoir un nouvel ouvrage, soit en amont, soit en aval de ce port, attendu que l'exécution de la section d'aval du canal n'aurait lieu qu'en cas de changements désastreux dans les conditions de navigabilité de la partie maritime de la Loire, changements que tout indique comme devant être nécessairement précédés par le comblement absolu des rades de Paimbœuf.

<table>
<tr><td>Tracé et dispositions générales.</td><td>

Le bras de Carnet, barré en aval, sert d'amorce à la section ; le plafond est maintenu à une distance suffisante de la rive, pour éviter les roches de la Ramée ; le canal passe ensuite derrière Paimbœuf, en contournant le plus possible les terrains de rocher, mais sans pouvoir les éviter complétement : nous profitons de leur apparition pour établir un pont tournant au passage de la route impériale n° 23 ; le tracé revient ensuite en Loire devant Corsept, en cotoyant la rive, et contournant le contrefort du moulin Perret, puis suit en terre ferme le bord de cette rive jusqu'à la pointe de Mindin, en passant à 150 mètres en arrière du lazaret, sans cesser, pour ainsi dire, de rencontrer le rocher, sur plus de 8 kilomètres de parcours. L'extraction de cette nature de déblais, dans cette partie, sera d'autant plus difficile, que le terrain qui la recouvre devient, de plus en plus sableux et perméable, à mesure qu'on s'approche de Mindin.

Les communications entre les rives sont assurées par le pont tournant de la route impériale n° 23, deux ponts flottants, à Corsept et à la Haute-Prinais, et trois bacs, à Paimbœuf (chemin du Champ-de-Mars), au moulin Perret et à la Grognais. Le halage s'opère sur la rive gauche, de l'origine de la section au pont tournant, et sur la rive droite, en aval.

</td></tr>
</table>

Les ouvrages de la sortie proprement dite de Mindin sont calqués, écluses, bassins, bassin de dépôt des vases, sur ceux de la Jalais et Méan (rive droite) ; le mur d'évasement de l'écluse, du côté du large, n'est qu'un revêtement, prolongé jusqu'à la pointe, par une jetée pleine ; la jetée d'amont se prolonge jusqu'aux profondeurs atteignant la cote $16^m 00$.

Il est à craindre que le chenal ainsi créé ne s'ensable rapidement, bien qu'il soit dirigé vers la fosse profonde existante à la pointe même de Mindin, et qu'il ne faille augmenter l'étendue des réservoirs de chasses, constitués par les deux bassins prévus au projet. D'un autre côté, l'évolution des navires pour entrer par les vents d'ouest ou de sud-ouest présentera certaines difficultés qu'on n'aurait pu éviter qu'en prolongeant la jetée du large, et créant, par suite, de nouvelles causes d'ensablement de l'entrée.

Les fondations des jetées devront être établies au moyen de blocs artificiels de grandes dimensions, dans les parties profondes, en raison de ces profondeurs et de l'intensité des courants.

Enfin les ouvrages sont tous à une distance minima de 300ᵐ 00 du lazarèt en construction, pour éviter le déplacement de cet important établissement. Il eût été impossible de les en écarter davantage.

L'ensemble des dépenses de la section d'aval est évalué à 17,000,000 fr. ou 1,000,000 fr., environ, en moyenne, par kilomètre, répartis comme suit :

Terrassements..	12,000,000 fr.
Enrochements et empierrements....................	250,000
Ouvrages d'art : { Paimbœuf............. 160,000 fr. } { Mindin............... 3,505,000 }	3,665,000
Bacs, ponts flottants, etc..........................	45,000
Indemnités de terrain..............................	300,000
Somme à valoir sur l'ensemble....................	740,000
Total pareil............	17,000,000 fr.

La somme à valoir totale s'élève, en réalité, à plus de 2,500,000 fr.

En résumé, la section d'amont étant évaluée à......... 21,000,000 fr.
la section intermédiaire à................ 18,000,000
la section d'aval à..................... 17,000,000

Il s'ensuit que l'exécution du canal de la rive gauche entraînerait à une dépense de........................ 56,000,000 fr.

pour 47ᵏ3, ou, en moyenne, environ 1,184,000 fr. par kilomètre, mais que, pour le cas d'exécution de la section intermédiaire seule, la dépense ne serait que de....................................... 18,000,000 fr.

CHAPITRE V.

Appréciation technique et comparaison des deux tracés.

Canal de la rive droite. — Au point de vue de la solution partielle que l'intérêt du moment semble demander, le canal de la rive droite se présente dans des conditions qui paraissent acceptables : les dispositions générales du tracé sont convenables pour une grande navigation, le tirant d'eau minimum de 6^m00 peut être considéré comme assuré, et celui de 7^m00 comme possible à atteindre, dans un avenir peu éloigné. Les ouvrages d'entrée et de sortie, largement estimés au point de vue de la dépense, sont d'un accès facile, et les profondeurs se maintiendront aisément aux abords, tant que l'état du fleuve restera sensiblement ce qu'il est aujourd'hui. Ces ouvrages assurent la communication, en amont, avec Nantes, Basse-Indre, Indret, le Pellerin ; en aval, avec Paimbœuf, Saint-Nazaire et l'Océan. Aucune difficulté grave d'exécution n'apparaît. La dépense est considérable, mais elle n'est hors de proportion, ni avec les anciennes évaluations, ni avec les chiffres ordinaires des travaux d'amélioration des grands ports.

Enfin, la possibilité d'un raccordement avec les sections d'aval et d'amont, sans qu'aucune dépense faite devienne inutile, est pleinement démontrée.

Au point de vue de la solution générale, la situation est encore plus favorable : le canal de la rive droite se relie directement avec le port de Nantes comme avec celui de Saint-Nazaire ; les dispositions du tracé d'ensemble sont aussi bonnes dans les sections d'aval et d'amont que dans la section intermédiaire ; le tirant d'eau de 6^m00 ou celui de 7^m00 sont également assurés ; il est même possible d'atteindre le tirant d'eau de 8^m00, avec une dépense supplémentaire sensible sans doute, mais qui ne serait pas hors de proportion avec le but à atteindre, si l'expérience démontrait l'utilité pratique de ce tirant d'eau. La navigation des étiers, les besoins des ports de la rive gauche et de la rive droite sont garantis. Quelques difficultés d'exécution se présentent dans la section d'amont, mais elles ne paraissent ni insurmontables, ni même suffisantes pour entraîner à un supplément de dépense relativement considérable. La seule cause d'élévation de ces dépenses consiste dans le déplacement inévitable des industries de Chantenay.

Canal de la rive gauche. — Au point de vue de la solution partielle, le canal de la rive gauche paraît, à *priori*, former une solution bien plus favorable que celui de la rive droite : le parcours est sensiblement réduit, la dépense est plus faible de 4 millions. Mais les débouchés, quelque soin que nous ayons pris de rechercher les points les plus convenables, sont non-seulement moins praticables que ceux de la rive opposée, mais réellement défectueux d'une manière absolue. L'entrée du Pellerin, comme celle de Carnet, sera toujours difficile pour les navires entrants, toujours poussés par le courant, en raison même de la direction qu'ils auront à suivre : les garages d'accès des écluses seront toujours exposés à des ensablements, et celui du Pellerin n'aura même pas la ressource des chasses pour être nettoyé.

Les digues du Pellerin seront d'une exécution des plus difficiles ; la construction de celle qui est projetée en amont de la Villette, au sud de l'île Sardine, sera bien favorisée par l'exécution préalable du déversoir, mais le secours que cet ouvrage apportera à la fermeture de la digue sera loin d'être aussi efficace que ne le sera, sur la rive droite, le secours du déversoir de Cordemais, en raison de la largeur que, pour éviter les roches sous-fluviales, on est obligé d'emprunter sur un bras du fleuve traversé par un courant violent. À l'aval du déversoir, où il n'y a plus aucun secours à espérer de cet ouvrage, le courant augmente au fur et à mesure qu'on approche de la tête de Carnet, et l'exécution des digues est de plus en plus scabreuse.

Les nécessités du desséchement du lac de Grandlieu, ne permettent plus sur la rive gauche, ni d'atteindre un tirant d'eau éventuel de 8^{m}00, ni même vraisemblablement de dépasser celui de 6^{m}00.

Enfin, en cas de prolongement vers l'aval, les ouvrages de Carnet, représentant une somme de dépenses de plus de 3 millions, deviennent complétement inutiles ; en cas de prolongement vers l'amont, l'écluse du Pellerin ne remplit plus que les fonctions d'une écluse de garde, qu'on aurait pu construire plus économiquement un peu en amont.

Au point de vue de la solution générale, et en dehors du tirant d'eau qui reste forcément fixé à 6^{m}00, la situation est encore plus mauvaise. Pour la section d'amont, les terrains de la rive gauche sont plus mauvais que ceux de la rive droite, en ce sens qu'ils sont formés d'alluvions bien plus récentes ; la digue entre la Thélindière et le Pellerin est une œuvre d'une exécution excessivement difficile et délicate. Pour la section d'aval, les terrains de rocher qu'on rencontre sur une étendue considérable, seront fort coûteux à extraire, comme nous l'avons dit au chapitre précédent ; la digue entre Corsept et l'île Saint-Nicolas, exigera des soins particuliers, pour assurer son étanchéité relative ; celles qui doivent barrer le bras du Carnet ne pourront s'exécuter qu'après l'enlèvement du barrage de la Maréchale ; les dépenses de cet enlèvement sont difficiles à apprécier.

Mais le vice capital de la solution qu'offre le canal de la rive gauche, en dehors de toute appréciation des difficultés d'exécution, est dans la question de l'entrée et de la sortie. L'entrée est non-seulement à 2 kilomètres de l'extrémité aval du port de Nantes, mais la libre communication avec ce port ne peut, ni être obtenue sans des frais d'entretien considérables, ni même être assurée d'une manière complète en tous temps. Le chenal d'accès, comme la partie de la Loire qui le sépare de Nantes, seront constamment envahis par les sables d'amont. La sortie à Mindin, établie sur une plage nue, loin de tout centre habité, et sans communication directe avec Saint-Nazaire qu'il faut néanmoins rejoindre pour franchir l'embouchure du fleuve, balayée d'ailleurs par un courant continu et violent, exposée au vent d'ouest, débouche dans une rade qui, de 4 ou 5 kilomètres de longueur qu'elle avait au commencement du siècle, s'est réduite aujourd'hui à une fosse entourée de sable émergeant à basse mer ; le reste de la rade s'est comblée de 4 à 5^m00 en 50 années ! Il ne peut être douteux que la fosse de Mindin ne disparaisse promptement tout à fait, et que la sortie du canal de la rive gauche ne soit complétement bouchée, avant que ce canal ne soit exécuté en entier.

Il est donc démontré pour nous que malgré l'économie de 4 millions pour la solution partielle, de 6 millions pour la solution générale que présente le projet de la rive gauche, par rapport à celui de la rive droite, ce dernier doit être préféré comme le seul qui puisse garantir l'avenir ; nous dirons plus, le projet de la rive gauche fût-il seul praticable, et n'eût-il aucun parallèle à soutenir, nous déclarerions qu'en vue des éventualités, nous dirons même des certitudes de l'avenir pour Mindin, comme de celles du présent pour Nantes, en raison des mauvaises conditions d'entrée et de sortie de la section intermédiaire, les sommes consacrées à son exécution ne seraient pas en rapport avec le résultat pratique à en attendre.

CHAPITRE VI.

Considérations économiques sur la question.

Sans avoir la prétention de traiter à fond toutes les questions économiques si complexes auxquelles conduirait l'examen des conséquences de la création d'une voie navigable profonde entre Nantes et l'Océan, nous ne pouvons nous dispenser de donner, en quelques mots, notre appréciation sur le trafic probable du canal maritime supposé exécuté, et les ressources qu'il serait possible de tirer de ce trafic pour amortir une partie du capital engagé dans l'exécution des travaux.

Trafic probable du canal maritime.

Il n'est guère possible de déterminer d'une manière exacte quelle pourrait être l'importance du trafic du canal en question ; cependant nous nous efforcerons d'établir avec une certaine approximation ses principaux éléments. L'appoint que fournirait le commerce maritime actuel du port de Nantes serait évidemment l'élément primordial ; pour le déterminer, nous avons basé nos calculs sur le mouvement de la navigation de ce port, en 1864.

En raison de l'état de la Loire, nous avons cru diviser les navires en trois catégories : 1° Les navires d'un tirant d'eau ne dépassant pas 2^m00, et qui, par conséquent, peuvent, en l'état actuel, naviguer de Nantes à l'embouchure en tous temps ; 2° les navires tirant plus de 2^m00 d'eau, mais ne dépassant pas 3^m50, qui, hors des temps de crue, ne peuvent naviguer jusqu'à Nantes que pendant les vives eaux, soit environ 1/3 du temps, et, en temps de crue, y arrivent ou en partent avec plus ou moins de facilité ; 3° les navires tirant plus de 3^m50 d'eau, qui ne peuvent remonter ou descendre la rivière qu'à la faveur des crues.

La première catégorie de navires trouverait certainement dans le canal, totalement ou partiellement exécuté, des facilités plus grandes de navigation que dans la voie naturelle actuelle ; mais leur faible échantillon leur permettant de la parcourir, en toute saison, d'un bout à l'autre, et, eu égard à leur genre particulier de navigation, l'avantage de la célérité relative, qu'ils rencontreraient dans la nouvelle voie, pouvant paraître ne pas compenser les frais de remorquage qu'ils auraient à supporter pour la franchir, nous avons pensé devoir admettre qu'aucun d'eux ne profiterait du canal.

Les navires de la deuxième catégorie peuvent, de fait, circuler plus de la moitié du temps sur la Loire jusqu'à Nantes ; mais cette navigation n'est point assurée ; elle est soumise à des risques sérieux, à des retards fréquents et imprévus, qui nuisent à sa régularité, et augmentent forcément le prix du fret, par la nécessité de tenir compte des immobilisations éventuelles du capital engagé dans le transport. Nous croyons donc ne rien exagérer en portant aux 3/5 du mouvement total correspondant, la quote-part de ce mouvement qui serait porté à profiter du canal maritime. Or, le mouvement total de 1864, entrées et sorties réunies, accusé par les registres du port de Nantes, pour la catégorie des navires en question, donne 3,856 navires, jaugeant ensemble 320,431 tonneaux, et portant 391,462 tonnes de marchandises ; dont les 3/5 représentent un mouvement probable de 2,314 navires, jaugeant ensemble 192,259 tonneaux, et de 216,877 tonnes de marchandises, sur le canal.

Les navires de la troisième catégorie ne pouvant qu'exceptionnellement profiter de la Loire, et se trouvant, par leur dimension même et l'importance des capitaux engagés dans leur construction et leur armement, appelés à profiter d'une manière toute particulière des avantages d'une navigation rapide et régulière, nous croyons pouvoir admettre qu'ils profiteraient tous du canal ; cette voie navigable recevrait donc, de cette part, au prorata du mouvement de 1864, un trafic de 54 navires, jaugeant ensemble 10,106 tonneaux, et un mouvement de marchandises de 11,609 tonnes. L'appoint du port de Nantes, dans le trafic total, pourrait donc être évalué à

2,368 navires, jaugeant ensemble 202,365 tonneaux, et à 228,486 tonnes.

En dehors de ce chiffre, et en l'état actuel du mouvement général du commerce maritime de la vallée de la Loire, nous ne trouvons plus, comme élément important du trafic possible pour le canal maritime, que la partie de la navigation qui, trouvant de plus grandes facilités pour arriver à Nantes, entrepôt et marché central, abandonnerait le port de Saint-Nazaire. Nous avons appliqué le même système de décomposition au mouvement total de la navigation de ce port, en 1864.

Les navires ne tirant pas plus de 2^{m}00 d'eau, et qui ont fréquenté le port de Saint-Nazaire, tous affectés au cabotage, pouvaient sans difficulté remonter jusqu'à Nantes ; du moment où ils n'ont point profité de cette facilité, nous devons admettre que la véritable destination de leur chargement était bien Saint-Nazaire, et considérer, comme nul pour le canal, le trafic correspondant.

Le même raisonnement s'applique en grande partie aux navires d'un tirant d'eau compris entre 2^{m}00 et 3^{m}50 ; cependant il est rationnel d'admettre qu'une partie d'entre eux ont été attirés vers le port de Saint-Nazaire, uniquement en vue des facilités et des conditions de rapidité assurés par l'état d'accessibilité de ce port, par comparaison avec celui de Nantes, et nous croyons ne pas exagérer en évaluant au moins à 1/4 de l'ensemble, le nombre des navires qui eussent profité du canal, s'il avait existé. Le mouvement total de cette catégorie de navires ayant été, en 1864, pour le port de Saint-Nazaire, de 1,103 navires, jaugeant

126,698 tonneaux, et portant 110,852 tonnes de marchandises, nous évaluons la part correspondante du canal à 276 navires, jaugeant ensemble 31,675 tonneaux, et à environ 27,713 tonnes de marchandises.

Les navires d'un tirant d'eau supérieur à 3^{m}50 sont, au contraire, pour la plupart, des navires longs courriers : la nature spéciale de leurs chargements, composés en grande partie de denrées coloniales, est destinée aux entrepôts de Nantes : l'avantage de parvenir jusqu'à ce port, sans transbordement, est évident, et nous croyons pouvoir admettre que la moitié au moins de ces navires eussent remonté à Nantes, si la navigation leur eût été ouverte jusqu'à ce port, dans des conditions de sécurité ou de praticabilité suffisantes. En défalquant du mouvement total de la catégorie correspondante, les paquebots transatlantiques et les très-grands navires à vapeur, qui ne peuvent s'accommoder des conditions nautiques d'accès d'un port intérieur, quelque bonnes qu'elles soient, et qui rechercheront toujours le point d'atterrissage le plus avancé possible vers la grande mer, nous trouvons, pour la période qui sert de base à nos calculs, 488 navires, jaugeant 157,550 tonneaux, et portant 172,325 tonnes de marchandises, entrés et sortis, pour le port de Saint-Nazaire. La moitié donne 244 navires, jaugeant 78,775 tonneaux, et environ 86,163 tonnes de marchandises, que nous ajouterons à l'avoir du canal maritime, pour lequel l'appoint total du port de Saint-Nazaire, serait ainsi de

520 navires, jaugeant 110,450 tonneaux, et 113,876 tonnes de marchandises.

D'après ces bases, le mouvement commercial maritime actuel de la vallée de la Loire assurerait au canal un trafic de

2,888 navires, jaugeant 312,815 tonneaux, et d'environ 342,362 tonnes de marchandises, soit en nombres ronds 313,000 tonneaux, et 342,000 tonnes de marchandises.

Un calcul très-simple démontrera que ce trafic, sans être éloigné des probabilités admissibles, tient cependant compte dans une proportion notable de l'accroissement qu'on pourrait attendre, avec juste raison, pour le commerce de la vallée de la Loire, de l'amélioration générale des voies navigables et des facilités nouvelles qui seraient offertes, par le canal, au commerce maritime. Pendant la même année 1864, le gabarage a transporté, entre Nantes et Saint-Nazaire, à la remonte comme à la descente . . . . 59,420 tonnes de marchandises ; le chemin de fer a transporté . . . . 65,559 tonnes

de l'une à l'autre des deux localités ; il en résulte qu'une quantité totale de . . . . 124,974 tonnes de marchandises, débarquées à Saint-Nazaire, ont été transportées à Nantes ou envoyées de cette dernière localité pour être embarquées à Saint-Nazaire. Ce chiffre total est peu éloigné de celui de 113,876 tonnes, admis plus haut, pour la quotité du transport qui aurait pu passer par le canal maritime : or, il est indubitable que la création de cette voie n'anéantirait ni le gabarage, ni les expéditions par chemin de fer, quelque diminution qu'elle puisse apporter dans l'utilisation de ces deux modes de transport ; le trafic admis comme probable, pour le canal, suppose donc déjà une progression sensible du mouvement commercial de toute la région desservie par les deux ports de Nantes et Saint-Nazaire.

Ressources à tirer de ce trafic.

Quelles seraient maintenant les ressources qu'on pourrait tirer d'un semblable trafic ? Pour que le canal produise un effet utile, disons plus, pour qu'il soit utilisé, il faut que la marchandise qui, en dernier analyse, supporte les frais de toute nature inhérents au transport, puisse trouver, en se servant de la voie nouvelle, un bénéfice sur les frais actuels qu'elle a à supporter. Le transport par gabarage, de Nantes à Saint-Nazaire, ou réciproquement, coûte environ 2 fr. 25 c. par tonne, et le transport par chemin de fer peut uniformément, ou en moyenne, être exécuté à 2 fr. 50 c. ; les frais de transbordement, par l'une ou l'autre voie, sont d'ailleurs d'environ 1 fr. ; il faudrait que la marchandise pût être transportée à meilleur compte de Saint-Nazaire à Nantes, ou réciproquement, par les navires mêmes qui l'apporteraient de la mer ou devraient la remporter par cette voie ; il faudrait, en d'autres termes, que ces navires, pour venir de Saint-Nazaire à Nantes, ou réciproquement, ne fussent pas grevés de frais équivalents pour la marchandise à une augmentation de fret de 3 fr. 25 c., au grand maximum, par tonne.

D'après le calcul ci-dessus, le rapport du poids des marchandises importées ou exportées au tonnage des navires entrants et sortants, serait d'environ 11/10 : le maximum des frais à supporter par les navires, par tonneau de jauge, par le fait de la traversée entre Nantes et Saint-Nazaire, ne devrait donc pas dépasser les 11/10 de 3 fr. 25 c., ou 3 fr. 57 c., par tonneau de jauge ; il est même évident qu'ils devraient rester *notablement inférieurs*, sous peine de voir la circonstance la plus légère réduire à néant le trafic même du canal.

Les frais du remorquage, indispensable à la célérité de la navigation, ne peuvent être évalués à moins de 1 c. par tonneau de jauge et par kilomètre, soit..   0ᶠ 55ᶜ
pour les 55 kilomètres à parcourir.

La durée de chaque voyage, aller ou retour, se trouvant allongée d'une journée au moins, souvent d'une journée et demie ou deux journées, il en résultera de nouveaux frais, notamment : 1° perte d'intérêts, entretien, dépérissement du matériel naval, surcharges d'assurances et frais généraux, en tout 20 p. 0/0, sur une valeur qui peut être fixée, en

A reporter.....   0ᶠ 55ᶜ

Report..... 0^c 55^c

moyenne, à 350 fr. par tonneau de jauge, soit pour deux jours....... 0 39
2° gages et nourriture de l'équipage pendant deux jours, à raison de un
homme par 12,4 tonneaux de jauge (moyenne déduite de l'ensemble du
mouvement du port de Nantes, en 1864), et à raison de 3 fr. 50 c., en
moyenne, par homme et par jour............................... 0 56

soit, en tout, comme frais réels et par tonneau de jauge............. 1ᶠ 50ᶜ

ce qui réduit à 2 fr., environ, le maximum du droit imposable sur les navires
fréquentant le canal, pour que la marchandise transportée ne trouve pas cette
voie plus dispendieuse que le chemin de fer ou le transbordement en gabare.
Mais, au simple point de vue de la concurrence, il faut qu'elle y trouve une
économie sensible ; on serait déjà conduit à déduire que le maximum du droit
ne pourrait dépasser 1 fr. 50 c. par tonneau de jauge et par voyage simple, soit
pour 313,000 tonneaux un revenu total annuel maximum de..... 469,500 fr.

Mais, si nous examinons la question au point de vue de l'application de ce
revenu à la création de ressources affectables à l'exécution des travaux, il faut,
pour que notre raisonnement reste logique, que nous commencions par prélever
sur ce revenu les sommes nécessaires à l'entretien du canal.

Nous trouvons dans le rapport de 1856 de la commission internationale de
l'isthme de Suez, présidée par M. Conrad, Ingénieur en chef du Water-Staat des
Pays-Bas, que l'entretien du canal de Noord-Holland, coûte, en moyenne, y compris les frais de personnel, environ 2 fr. 50 c. par mètre courant, pour une section
mouillée d'environ 160 mètres carrés. Si l'on admet, comme l'a fait cette commission, que les frais d'entretien soient proportionnels aux surfaces des sections
mouillées, celle du canal projeté étant en moyenne d'environ 380 mètres carrés,
les frais d'entretien, par suite, seraient de 5 fr. 94 c. par mètre courant, soit
6 fr. en nombre rond. Il ne faut pas se dissimuler toutefois que l'entretien du
canal latéral à la Loire sera beaucoup plus coûteux que celui du canal de Noord-
Holland, en raison de la nature particulière, fort variée et généralement moins
favorable, des terrains traversés, et des apports de sables et vases amenés iné-
vitablement dans une certaine proportion, quelque précaution que l'on prenne,
soit par les eaux d'alimentation prise en Loire, soit par les eaux de mer intro-
duites lors des sassements aux entrées d'aval, soit par le déversement des étiers,
soit enfin par les siphonnements ou les filtrations à travers les digues ; les digues,
elles-mêmes, les perrés, etc., nécessiteront des frais d'entretien auxquels échappe
complétement le canal de Noord-Holland. Nous croyons ne rien exagérer, en
augmentant de 50 p. 0/0 le prix proportionnel d'entretien, et le portant à 9 fr.
par mètre courant, surtout pendant les premières années.

En appliquant ce prix aux 28 kilomètres de la section intermédiaire du canal de la rive droite, qui paraît répondre aux besoins du moment, on arrive, pour l'entretien du canal proprement dit, à une dépense annuelle de. . 252,000 fr. ; en ne réservant, en outre, que. . . . . 48,000 fr.

pour les frais d'entretien et curage des entrées, chenaux d'accès, bassins de garage et écluses d'embouchure, nous croyons être bien modéré ; il s'ensuit donc qu'une somme de. . . . . : . . . . 300,000 fr.

au minimum serait nécessaire pour l'entretien.

Il ne resterait donc que. . . . . 169,500 fr. de ressources, disponibles pour l'amortissement d'une portion du capital engagé dans la construction. Cette annuité, appliquée à un amortissement en 50 ans à 5 p. 0/0, ne permet d'amortir qu'un capital de 3 millions. On ne peut donc fonder grand espoir sur les ressources à provenir du trafic du canal, pour subvenir aux frais de la première exécution.

Pour arriver à cette conclusion, nous avons supposé le commerce du port de Nantes et de la Vallée de la Loire maintenu dans son état actuel ; mais s'il est vrai que l'amélioration de la navigation, entre Nantes et la mer soit indispensable au maintien de cet état ; que, sans cette amélioration, c'est-à-dire en l'état actuel, la marchandise dirigée sur les entrepôts et le marché de Nantes, se trouve, avec les moyens de transports actuels, grevée de frais suffisants pour faire craindre une décroissance progressive de plus en plus grande du commerce de Nantes ; s'il est vrai que ce commerce soit menacé d'une décadence complète, tant que les mêmes frais ou des frais analogues continueront à peser sur la navigation, il paraît certain qu'il vaudrait mieux réduire le droit de parcours du canal au taux strictement nécessaire pour couvrir les frais d'entretien, soit environ 90 c. par tonneau ; dans le cas, au contraire, où le taux de 1 fr. 50 ne serait pas démontré trop élevé, par une étude plus approfondie de cette question de détail, ne vaudrait-il pas mieux étendre le droit supplémentaire à tous les navires fréquentant le port de Nantes, comme exécution des dispositions de l'article 3 de la loi du 19 mai 1866, qu'ils usent ou non de la voie du canal ? Le chiffre total des ressources applicables à l'exécution de cet ouvrage, se trouverait nécessairement bien plus élevé.

Intérêt général du commerce français. Enfin il y aurait lieu d'examiner, au point de vue de l'intérêt général du commerce maritime de la France, s'il ne serait pas préférable de renoncer à toute perception spéciale, pour la fraction de ce commerce qui fréquenterait le canal ; on pourrait penser, en effet, non sans quelque raison, que l'État, acceptant la charge de l'entretien de cette voie navigable, retrouverait peut-être, en revenus indirects, plus que l'équivalent des dépenses correspondantes à cet entretien, par les facilités et les conditions de célérité et de sécurité qui seraient ainsi réalisées, sur un point particulier du littoral, et par l'heureuse influence qu'elles pourraient avoir sur le développement des transactions commerciales du pays tout entier.

Intérêt local.   En dehors des considérations d'intérêt général qui pourraient motiver une intervention plus ou moins directe, plus ou moins considérable, de l'État, dans les frais de l'amélioration des communications du port de Nantes avec l'Océan, cette amélioration, de l'aveu de tous, présente un intérêt local des plus palpitants. Le marché de Nantes est menacé, et avec lui toutes les industries qui s'y rattachent : l'industrie des constructions navales très-développée à Nantes, l'industrie métallurgique qui s'y est implantée à côté de la première, celle de la raffinerie du sucre, seront amenées, de toute nécessité et dans un avenir prochain, à devoir se déplacer, faute d'aliments, entraînant avec elles toutes les populations ouvrières qu'elles font vivre. Les désastres résultant directement, pour les industries en question, d'un semblable déplacement, sont difficiles à apprécier, mais ils représentent déjà un capital considérable qui serait dépensé en pure perte, rien que pour l'opération même du déplacement matériel. Ce déplacement, la perte ou la diminution considérable d'importance du marché de Nantes, entraîneraient, d'un autre côté, une diminution considérable dans la valeur des propriétés immobilières de cette ville et de ses environs, qui, dans le rayon seul de la commune, peut être évaluée à 200 millions. Si un pareil résultat constitue un réel préjudice pour la fortune publique, considérée comme la totalisation des fortunes particulières, et s'il est, en conséquence, de nature à fournir un argument des plus sérieux en faveur de la contribution de l'État, dans une large proportion, à des travaux qui permettraient peut-être de l'éviter, le préjudice devient vraiment effrayant, pour les intérêts locaux de la ville et du commerce de Nantes. Il semble impossible que les représentants légaux de ces intérêts n'affirment pas l'importance qui s'attache pour eux à la solution du problème du reliement de Nantes à la mer, par une voie navigable profonde, par une offre de contribution directe et sérieuse dans les dépenses nécessaires ; c'est pour eux un devoir, une mesure de conservation personnelle, devant lesquels ils ne peuvent reculer.

Nous devons laisser à qui de droit, l'appréciation de détail de toutes les considérations développées dans le présent chapitre ; mais nous aurions cru manquer à notre mission, en ne les indiquant pas d'une manière sommaire.

CHAPITRE VII.

Résumé et conclusions.

Revenant rapidement sur tout ce qui vient d'être dit, nous ferons ressortir les faits les plus saillants qui résultent de nos études.

État progressif de la Loire. — L'état de la Loire, en aval de Nantes, a toujours été défectueux ; à toutes les époques, les difficultés que la navigation maritime y rencontrait ont excité les plaintes et les inquiétudes du commerce et de la population, ont appelé l'attention du Gouvernement et des corps constitués; les travaux exécutés, depuis un siècle environ, ont produit des améliorations sensibles, mais insuffisantes néanmoins en raison du développement progressif du commerce maritime et de l'augmentation, progressive aussi, du tonnage et du tirant d'eau des navires. Il en est résulté ce fait remarquable, qu'à toutes les époques, les meilleurs esprits, incomplétement renseignés sur les faits antérieurs, ont toujours cru à une détérioration absolue des conditions de navigabilité du fleuve, et ont pu être entraînés à douter de la sincérité des résultats annoncés par les Ingénieurs.

État actuel du fleuve. — En l'état actuel des choses, la partie maritime de la Loire, entre la hauteur de Paimbœuf et Saint-Nazaire, est facilement accessible à la grande navigation : elle présente aux navires un tirant d'eau assuré variant, en hautes mers, de $5^m 50$ à $7^m 00$, suivant qu'on se rapproche des mortes eaux ou des vives eaux. La partie fluviale, entre Nantes et le Pellerin, a été sérieusement améliorée par l'endiguement; si elle n'assure encore qu'un tirant d'eau minimum de $4^m 00$ à $4^m 20$, en hautes mers de vives eaux ordinaires, il y a lieu d'espérer qu'avec une faible dépense relative, il serait facile de réaliser le complément des améliorations attendues de l'effet des digues; il ne paraît pas déraisonnable d'espérer arriver à un tirant d'eau effectif de $5^m 20$ en hautes mers de mortes eaux et $6^m 00$ en hautes mers de vives eaux ordinaires, abstraction faite de toutes influences des crues, dont le moindre appoint mettrait les conditions de navigabilité de la partie fluviale au niveau de celles de la partie maritime. La partie intermédiaire seule se présente dans des conditions inquiétantes, pour le présent comme pour l'avenir : la navigation y est rendue difficile par les mouvements des alluvions qui s'y déposent sur une étendue considérable et variable suivant les alternatives de crues ou d'étiage, de mortes eaux ou de vives eaux, par l'effet de la rencontre et de l'amortissement des courants de jusant et de flot ; la direction des chenaux varie avec autant de rapidité que leur profondeur et dans des limites considérables; la profondeur moyenne diminue d'ailleurs d'une manière bien sensible, et les grands fonds, les rades proprement dites paraissent tendre à se combler d'une manière irrémissible. Les causes mêmes qui produisent ces effets sont le principal obstacle à l'application d'un remède quelconque : la lutte entre les deux courants est fatale, et il faut donc fatalement qu'il existe une partie du fleuve où se déposent les alluvions qui sont la conséquence de cette lutte. Toute tentative d'amélioration de cette partie, en vue de satisfaire aux besoins du présent, tendrait à compromettre l'avenir, en repoussant vers l'embouchure l'état d'indécision, aujourd'hui plus particulièrement circonscrit entre l'île Thérèse et la hauteur de Paimbœuf.

Le seul remède pratique, au point de vue de la navigation, c'est de lui offrir une nouvelle voie, en abandonnant la partie du fleuve en question à l'action des forces naturelles, et cherchant à les contrarier le moins possible, pour éviter d'accélérer leur action.

Un canal maritime reliant le port de Nantes à la rade de Saint-Nazaire peut être établi sur la rive droite de la Loire, dans des conditions de largeur de section bien supérieures à celles des canaux de Hollande en exploitation, et analogues à celles des canaux du même pays, en cours d'exécution, du canal Saint-Louis et du canal de Suez, avec une profondeur d'eau assurée de 6ᵐ00, pouvant être portée ultérieurement, par relèvement du plan d'eau, à 7ᵐ00 et même à 8ᵐ00. La dépense totale, pour 53 kilomètres environ de longueur, serait de 62,000,000 de francs, non compris la dépense de 3 à 4 millions qu'il faudrait faire, dans l'avenir, pour dépasser la profondeur de 7ᵐ00.

Les intérêts mêmes de la navigation exigent la division du canal en trois sections, exécutables toutes trois indépendamment l'une de l'autre, sans accroissement de dépenses, et ayant chacune une entrée en Loire. L'exécution de la section intermédiaire, de 28 kilomètres environ de longueur, comprise entre Couëron et la Jalais, à 3 kilomètres en amont de Donges, et dont la dépense serait de 22,000,000 de francs, satisferait aux besoins du moment, constatés par l'étude de la Loire. L'avenir serait assuré contre toutes les éventualités, soit qu'un mécompte, dans la réalisation des améliorations espérées pour la partie endiguée, force à recourir à l'exécution de la section d'amont, soit qu'une détérioration de la partie maritime oblige à prolonger le canal en aval.

Un canal maritime sur la rive gauche est exécutable, dans des conditions générales analogues à celles dont il vient d'être parlé ; sa longueur serait de 47 kilomètres environ, et la dépense de 56 millions seulement, pour la totalité du parcours, et de 18 millions pour la section intermédiaire, d'une longueur de 17 kilomètres environ.

Ces conditions paraissent à première vue plus satisfaisantes que celles de la rive droite, mais l'examen de détail démontre que dans le canal de la rive gauche, le tirant d'eau est forcément limité à 6ᵐ00 ; la liaison du canal avec le port de Nantes est incomplète, intermittente même dans certaines circonstances, et la tête du canal, éloignée de 2 kilomètres de l'entrée de ce port, se trouve à plus de 4 kilomètres de la ligne des ponts ; la liaison avec la rade de Saint-Nazaire ne peut se faire qu'en traversant l'embouchure. L'exécution des digues de séparation avec la Loire présente les plus grandes difficultés. Toutes les entrées en rivière sont exposées à servir de réservoir aux sables dérivés, en beaucoup plus grande proportion sur la rive gauche que sur la rive droite, et, par suite, à entraîner à un entretien difficile et coûteux ; les entrées de la section intermédiaire, forcément placées au milieu de courants violents, sont d'un accès difficile pour les navires ; l'une d'elles devient complétement inutile en cas de prolongement du canal vers l'aval ; enfin, l'ensablement qui menace, dans un avenir prochain et d'une manière complète, la rade de Mindin, déjà réduite depuis un demi-siècle à des proportions relativement insignifiantes, fait craindre que toute sortie ne soit fermée au canal de la rive gauche, avant que son exécution ne soit achevée. Il y a donc lieu de le repousser d'une manière absolue.

CONCLUSIONS. Les conclusions des études sont faciles à déduire.

Il existe un moyen pratique de relier Nantes à l'Océan par une voie navigable donnant 6ᵐ00 de tirant d'eau en hautes mers ; ces conditions de tirant d'eau se trouvent sensiblement réalisées dans la partie purement maritime du fleuve, limitée en amont vers le travers de Paimbœuf ; la réalisation de conditions analogues dans la partie endiguée peut être attendue de travaux complémentaires à l'exécution des digues, n'entraînant pas à une dépense considérable. La jonction des deux parties et le complément de la solution du problème peuvent être obtenus au moyen d'un tronçon de canal établi sur la rive droite, moyennant une dépense de 22 millions, et susceptible d'être prolongé ultérieurement, suivant les éventualités, en amont jusqu'au port de Nantes, en aval jusqu'à la rade de Saint-Nazaire. Il y a donc lieu, suivant nous, de solliciter l'exécution d'expériences de dragage de la partie endiguée de la Loire, dans le but d'obtenir un tirant d'eau de 6ᵐ00 en hautes mers de vives eaux ordinaires, et d'aviser aux voies et moyens d'exécution de la section intermédiaire du canal de la rive droite entre Couëron et la Jalais, telle qu'elle résulte du projet compris dans la présente étude.

Les conditions indispensables aujourd'hui au développement de la navigation maritime ne permettent pas de songer à réaliser, au moyen d'un péage, les sommes nécessaires pour couvrir les frais d'exécution de ce canal.

La Chambre de commerce de Nantes et le Conseil municipal, représentants légaux et organes éclairés des intérêts du pays, auront à apprécier l'étendue des sacrifices que le commerce ou la commune pourront s'imposer pour affirmer l'importance de l'œuvre, au point de vue des intérêts engagés en dehors de l'intérêt général. Ils auront aussi à examiner les ressources qu'il serait possible de tirer, pour la rapidité de l'exécution, à l'exemple d'un grand nombre de villes commerciales, et en vertu des facilités stipulées à l'article 3 de la loi du 19 mai 1866 sur la marine marchande, de la concession d'un droit de tonnage à frapper sur les navires fréquentant les ports de Nantes, Chantenay et Basse-Indre, plus spécialement intéressés au canal maritime.

CHAPITRE VIII.

Quelques mots sur l'emménagement possible du port de Nantes.

Nous n'avons pas cru pouvoir terminer cette étude et clore notre compte-rendu, sans dire quelques mots sur la situation des fonds du port de Nantes, et sur les ressources qu'on pourrait en tirer, en l'aménageant convenablement pour l'approprier aux besoins d'un grand mouvement commercial maritime.

Situation actuelle des fonds du port de Nantes. — Nous avons, en juillet 1866, fait opérer des sondages généraux dans le port de Nantes : les résultats de ces sondages montrent qu'il existe des fonds de 5^m00 au-dessous de l'étiage, sur une étendue assez considérable. Il paraît probable qu'à l'aide d'un entretien par dragages pratiquement admissible, ces profondeurs pourraient être étendues et maintenues jusqu'au pied des quais. L'appoint des crues augmente les hauteurs d'eau d'une manière notable, et pour des périodes de temps qui dépassent les 3/4 de l'année : toutefois il est évident qu'un tirant d'eau constant de 6^m00 ne pourrait être obtenu que par une transformation du port en bassin à flot.

Transformation du port en bassin à flot. — Cette transformation pourrait s'opérer au moyen de deux barrages (feuille n° 5), l'un en amont, vers la Maison-Rouge, servant d'entrée à la partie du bassin à flot affectée à la navigation fluviale, et muni d'une écluse à sas de dimensions suffisantes pour cette navigation ; l'autre, en aval, vers le quai de la Piperie, muni d'une écluse à sas de grandes dimensions servant d'entrée à la partie du bassin affectée à la navigation maritime. Le bras de la Madeleine devrait être fermé en aval du pont de ce nom, et prolongé en ligne droite dans la direction de la partie du bras situé en amont du pont, à travers l'île actuelle de la Madeleine. Toute la partie au nord du nouveau bras serait mise définitivement à l'abri des inondations. L'ouverture d'un nouveau bras de 200 mètres de largeur, à travers les prairies d'amont et de Balagué, et la construction d'un grand pont, de 187^m50 de débouché linéaire, à partir de la culée gauche actuelle du pont des Récollets, pourrait restituer à la Loire un débouché bien supérieur au débouché actuel du canal Saint-Félix, et permettre de réaliser pour l'ensemble du débouché linéaire des ponts, depuis et y compris le pont de la Madeleine jusques et y compris le pont de Pirmil, le *desideratum* de 500^m00 considéré comme condition nécessaire à l'écoulement des grandes crues. Les terrains compris entre les différents bras pourraient être remblayés avec les produits des dragages, et acquerraient ainsi une valeur considérable pour l'industrie. Le développement linéaire des quais à lot du bassin maritime serait d'environ 3,800 mètres, pouvant satisfaire, à raison de 180 tonneaux de jauge à l'entrée, par mètre courant, à un mouvement maritime de 684,000 tonneaux à l'entrée (plus du triple du mouvement actuel).

De nombreuses et vastes cales pour les constructions maritimes pourraient être établies le long du nouveau bras du fleuve ; enfin cette disposition permettrait peut-être de songer à une déviation du chemin de fer de Nantes à Saint-Nazaire, en le faisant passer le long de la rive droite du nouveau bras de la Madeleine, à l'aide de ponts tournants établis sur les deux écluses de barrage, et établissant une gare de voyageurs, en prolongement du pont de la Bourse et du pont Maudit.

L'écluse de la Piperie pourrait servir à la fois de communication du bassin à flot avec la Loire et avec le canal maritime supposé prolongé en amont jusqu'à Nantes, au moyen d'une disposition convenable du sas.

Estimation des dépenses. Nous avons voulu, en présence d'un semblable programme d'avenir possible, évaluer les dépenses qu'entraînerait sa réalisation. Ces dépenses, estimées avec soin, s'élèvent à une somme totale de 27 millions, y compris 4 millions pour les indemnités de terrain et une somme à valoir totale d'environ 2,500,000 francs.

Établissement de docks dans la prairie au Duc. D'un autre côté, la prairie au Duc pourrait être aisément transformée en docks présentant un développement linéaire de quais exploitables d'environ 4,400 mètres, dont les terre-pleins seraient munis de hangars, voies ferrées et outillage complet ; ces quais, à raison de 250 tonneaux de jauge à l'entrée par mètre linéaire, chiffre qui n'a rien d'exagéré pour des quais complétement outillés, permettraient de satisfaire à un mouvement spécial de 1,100 mille tonnes à l'entrée (plus de cinq fois le mouvement actuel du port de Nantes).

Estimation des dépenses. Les dépenses nécessaires pour la construction de ces docks, y compris trois formes de radoub de différentes dimensions, évaluées à 10 millions, les hangars, magasins, voies ferrées, etc., sont évaluables à un total de 40 millions, dont 2 millions d'indemnités de terrain et plus de 6 millions de somme à valoir.

Une pareille dépense paraît colossale, à première vue, mais elle doit être couverte par les produits à réaliser, et rentre dans le domaine de l'industrie privée ; l'inspection du plan démontre facilement qu'elle peut être faite partiellement, au fur et à mesure du développement commercial, sans que la continuation des travaux puisse entraver en quoi que ce soit l'exploitation des parties antérieurement exécutées. Ajoutons que l'établissement de ces docks est complétement indépendant de la transformation du restant du port en bassin à flot, en ce sens qu'avec un approfondissement et un entretien suffisants, il pourrait se faire, dans les conditions d'existence actuelles du port de Nantes, sans que le maintien de ces conditions entraînât à d'autres conséquences que la variation du niveau de la marée le long des quais ; cette variation, est, comme on le sait, relativement assez faible pour des intervalles de temps assez rapprochés.

Les dispositions générales d'ensemble, indiquées sur le plan, n'offrent rien d'absolument nouveau ; elles se rapprochent beaucoup de celles suivies dans le développement progressif des établissements commerciaux maritimes de beaucoup de ports de la côte anglaise, situés sur le cours des rivières. Les travaux qui s'y trouvent compris n'ont aucune liaison nécessaire ou absolument directe avec la question spéciale que nous avions mission d'étudier ; c'est pour cette raison que nous en avons fait l'objet d'une note spéciale, tout à fait en dehors du résumé général de nos études. Nous n'en avons fait mention qu'à titre de simple indication spéculative, et pour couper court à l'objection qui pourrait être tirée de l'insuffisance actuelle du port de Nantes pour les besoins d'un grand mouvement maritime commercial, contre l'utilité de la création d'une voie navigable profonde entre ce port de l'Océan.

Le présent Mémoire-Compte-rendu
dressé par l'Ingénieur des Ponts et Chaussées, soussigné.

Dunkerque, le 15 juin 1867.

E. CARLIER.

Paris, Imprimerie de G. Jousset, Clet et Cⁱⁱ, rue de Furstenberg, 8.